基础化学实验

JICHU HUAXUE SHIYAN

韩东梅

宋树芹

[法]Océane Gewirtz

[法]Arnaud Martin

黄希哲

编著

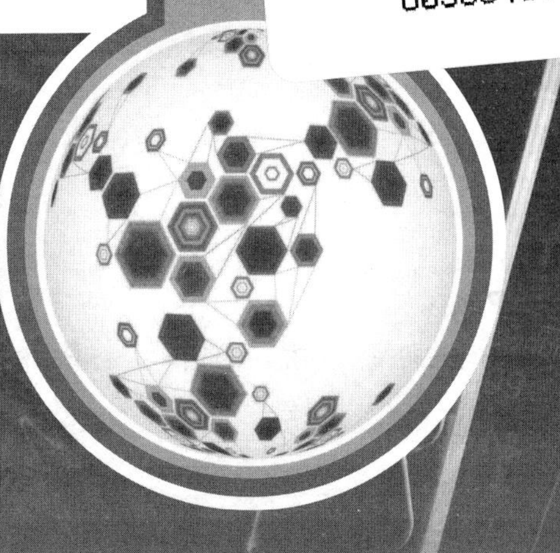

·广州·

图书在版编目（CIP）数据

基础化学实验/韩东梅，宋树芹，［法］Océane Gewirtz，［法］Arnaud Martin，黄希哲编著. —广州：中山大学出版社，2017. 12
ISBN 978 - 7 - 306 - 06220 - 8

Ⅰ. ①基…　Ⅱ. ①韩…　②宋…　③Gewirtz…　④Martin…　⑤黄…　Ⅲ. ①化学实验—高等学校—教材　Ⅳ. ①O6 - 3

中国版本图书馆 CIP 数据核字（2017）第 271437 号

JICHU HUAXUE SHIYAN

出 版 人：徐　劲
策划编辑：李　文
责任编辑：邓子华
封面设计：曾　斌
责任校对：谢贞静
责任技编：何雅涛
出版发行：中山大学出版社
电　　话：编辑部 020 - 84110283，84111996，84111997，84113349
　　　　　发行部 020 - 84111998，84111981，84111160
地　　址：广州市新港西路 135 号
邮　　编：510275　　传　　真：020 - 84036565
网　　址：http：//www. zsup. com. cn　E - mail：zdcbs@ mail. sysu. edu. cn
印 刷 者：佛山市浩文彩色印刷有限公司
规　　格：889mm × 1230mm　1/32　5. 5 印张　150 千字
版次印次：2017 年 12 月第 1 版　2017 年 12 月第 1 次印刷
定　　价：25. 00 元

如发现本书因印装质量影响阅读，请与出版社发行部联系调换。

目　录

1 基本实验操作

1.1 实验室安全

在基础化学实验中，经常使用腐蚀性的、易燃的或有毒的化学试剂，大量机会使用易损坏的玻璃仪器和某些精密仪器，以及水、电、通风设备、气体等。为确保实验的正常进行和人身安全，必须严格遵守实验室下列安全规则。

（1）实验者进入化学实验室后，要认真清点实验所用的仪器，并逐件检查是否完好，若发现有裂（伤）痕或损坏者，应及时更换。

（2）提供给实验者使用的标准磨口仪器，对接磨口的精密度比较高，为保持其良好的使用性能，洗刷磨口时不得使用有机械磨损性的去污粉。一般情况下不要将磨口长时间处于对接状态放置，防止由于磨口粘结而难以松脱。若需对接存放时（如分液漏斗及其他带活塞的仪器），则应在磨口接触面夹上一张小纸片，并用棉纱线或橡皮圈将活塞固定。接触过碱液的磨口，应彻底洗涤干净，不然会造成磨口永久性粘结而使仪器报废。

（3）安装实验仪器装置时应严格遵守操作规程，安装完毕后应认真检查，确认无误后才能进行实验工作。

（4）进行实验操作时应戴上防护眼镜，对于有危险性的实验，应使用防护面罩和胶手套等防护用具。

（5）实验室内严禁饮食、吸烟，一切化学药品禁止入口。

不能以实验容器代替水杯使用。

（6）使用煤气灯时，应先了解正确的使用方法，使用完毕后立即关闭煤气开关。

（7）浓酸、浓碱具有强烈的腐蚀性，切勿溅到皮肤和衣服上。如果不小心溅到皮肤和眼内，应立即用水冲洗，然后用2%碳酸氢钠溶液（酸腐蚀时采用）或2%硼酸溶液（碱腐蚀时采用）冲洗，最后再用水冲洗。

（8）使用CCl_4、苯、丙酮、三氯甲烷等有机溶剂时，一定要远离明火和热源。使用完毕后将试剂瓶塞严，放在阴凉处保存。

（9）使用汞盐、砷化物、氰化物等剧毒物品时应特别小心。氰化物与酸作用会放出剧毒的HCN！故严禁在酸性介质中加入氰化物。氰化物废液应倒入碱性亚铁盐溶液中，使其转化为亚铁氰化物盐类，然后作废液处理，切忌倒入水槽中。

（10）分析天平、分光光度计、酸度计等均为基础化学实验中使用的精密仪器，使用时应严格遵守操作规程。仪器使用完毕后，将仪器各部分旋钮恢复到原来位置，拔掉电源插头。

（11）实验室应保持室内整齐、干净。禁止将固体物投入水槽中，以免造成下水道堵塞。废酸、废碱应小心倒入废液缸，切勿倒入水槽内，以免腐蚀下水管。

（12）如发生烫伤，可在烫伤处抹上烫伤软膏。严重者立即送医院治疗。

（13）实验过程中万一发生着火，应尽快切断电源或燃气源，用石棉或湿抹布熄灭（盖住）火焰。酒精及其他可溶于水的液体着火时，可用水灭火。密度小于水的非水溶性有机溶剂着火时，不可用水浇，以防止火势蔓延，可用砂土扑灭。电器着火时，也不可用水及CO_2灭火，而应首先切断电源，用CCl_4灭火器灭火。衣服着火时，切忌奔跑，应就地躺下滚动，或用湿衣服在身上扑打灭火。情况紧急时应及时报警。

(14) 实验结束后要洗手。离开实验室时，应仔细检查水、电、气体、门窗是否已关好。

1.2 实验的预习、操作、记录和报告

实验预习对做好实验至关重要。实验前，认真阅读相关的教材和文献资料，观看多媒体教学课件，做到明确实验目的、理解实验原理、熟悉实验内容、牢记注意事项。实验操作必须细致认真、独立完成。养成良好的科学习惯，遵守实验工作规则。做到操作规范、环境整洁。在此基础上，使用专门的实验报告本，根据预习和实验中的现象及数据记录等，及时认真地书写实验报告。实验报告是对每次实验的概括和总结，书写必须严肃、认真、实事求是，要求整洁、条理清晰、简明扼要。基础化学实验报告一般包括以下内容。

(1) 实验题目、日期。

(2) 实验目的。简述实验目的。

(3) 实验原理。简述实验原理，对定量测定实验还应简介实验有关基本原理和主要反应方程式。

(4) 实验内容。实验内容是学生实际操作的简述，尽量用表格、框图、符号等形式，清晰、明了地表示实验内容。

(5) 实验现象及原始数据记录。实验现象要表达正确，数据记录要完整。绝对不允许主观臆造、抄袭他人的实验记录。

(6) 实验结果。对实验现象加以简明的解释，写出主要化学方程式。数据计算要表达清晰。完成实验教材中规定的作业。

(7) 实验讨论。对实验中发现的问题，应运用已学过的知识，提出自己的见解，以培养分析和解决问题的能力。定量分析实验应讨论实验结果的误差来源，经验教训或心得体会等。

以上几项内容的繁简、取舍应根据不同实验的具体情况而定。报告中的一些内容，如原理、表格、计算公式等，要求在实验预习时准备好，其他内容则可在实验过程中以及实验完成后填写。

1.3 玻璃仪器的使用

1.3.1 常用玻璃仪器

实验室常用的仪器有普通玻璃仪器、标准口（磨口）玻璃仪器、电学仪器和金属器具等。实验室中常用的玻璃仪器，它们的用途各不相同，但共同的特点是易碎，故使用时应轻拿轻放。下面主要介绍玻璃仪器的名称及其保养。

1.3.1.1 普通玻璃仪器

（1）温度计。温度计水银球部分的玻璃壁很薄，特别容易破碎，使用时应加倍注意。不可将温度计当玻棒进行搅拌；测量温度不得超过温度计的最高刻度值；测量完高温的温度计不能立即撤离高温载体，更不可立即用冷水冲洗，以免由于瞬间温差太大而发生断裂。用完后应装入套筒内保存。

（2）烧杯和烧瓶。烧杯和烧瓶不可直接用明火加热，可通过电热板或热载体进行加热。不能用秃头毛刷或砂子洗刷，因玻璃刮伤后容易破裂损坏。通常可用去污粉和肥皂水洗涤，若遇少量焦油状物难以洗脱时，可用洗液或少量回收的有机溶剂洗涤，最后用清水洗净。

（3）蒸馏瓶。普通玻璃蒸馏瓶及带支管仪器的支管容易碰断，在使用、安装和放置时都要特别注意。任何情况下都不能把支管当作把手使用。

（4）冷凝管。冷凝管夹套通水后质量较大，安装时应先用冷凝管夹在它的重心位置上进行固定。直形夹套冷凝管一般用作蒸馏沸点低于 130 ℃液体时的冷凝器，球形冷凝管一般用作回流冷凝器。洗涤冷凝管时需用长毛刷（冷凝管刷）。

（5）分液漏斗。分液漏斗的活塞和顶盖塞都是玻璃磨口的，而且多数是以套装对磨而成，专一性极强，特别是活塞，不能互相调换。不用时应在活塞和顶盖塞的磨口面垫上纸片，防止下次使用时难以打开。使用前，在活塞外表面涂上一层薄薄的凡士林（或真空油脂），使活塞转动灵活，如需把分液漏斗放入烘箱干燥时，一定要把盖塞和活塞取下，否则会破裂或粘结。

（6）洗瓶。目前实验室所用洗瓶多是塑料瓶，其中装入纯水，用于刷洗仪器或沉淀，其用水量少而且洗涤效果好。

塑料洗瓶使用方便，用手握住洗瓶一捏，水自喷嘴挤出。其缺点是当用热洗涤液时，不能将塑料洗瓶直接加热，只能灌注加热好的溶液，或用热水浴间接加热（注：塑料洗瓶加热温度不宜高于 60 ℃）。

（7）蒸发皿和水浴锅。化学制备中用来浓缩溶液的是钵形的瓷蒸发皿，实验室常用有嘴带柄的蒸发皿，容量为 15 ～ 250 mL，内壁应该是洁白光滑的，绝不允许用搅棒在蒸发皿中刮动沉淀。

对稳定的溶液，可以直接在煤气灯上小火加热，上面“罩”以表面皿（用玻璃勾架起）。易分解的溶液应在水浴上加热，蒸发皿内所盛溶液的体积不能超过蒸发皿容量的 2/3。

水浴锅一般是铜锅，水浴锅盖是大小不同的铜圈。将蒸发皿或烧杯放在水浴锅铜圈上加热即可（蒸气浴）。

使用水浴锅应时刻注意锅中水是否已被烧干，如果烧干，就会变成空气浴，温度会升得很高，引起溶液的强烈沸腾溅失，而且也容易烧坏水浴锅。水浴锅内所盛的水不能超过其容量的

2/3，随着锅内水的不断蒸发，要注意添水。若不慎将水烧干（这时煤气灯的火焰呈绿色），要立即停火，等水浴锅冷却后，再加水继续使用。

在分光光度法中，有时需将一系列显色溶液用水浴加热，这时也可用一个大烧杯代替水浴锅。

另外，根据加热的对象及要求不同，还可以选用其他的加热方式。例如：电热水浴（温度连续可调）及电热板。电热水浴所加热的器皿可直接放入水浴中（真正的水浴）加热即可。使用电热水浴及电热板应注意电热器件的使用规则。

（8）搅棒。搅棒用来搅拌溶液和协助倾出溶液，是用4～6 mm直径的玻璃棒截成的，将其斜放在烧杯中后，应比烧杯长出4～6 cm。太长易将烧杯压翻，太短操作不方便，而且易沾污。搅棒的两端应烧光滑，以防划坏烧杯。

（9）表面皿。表面皿为凹面的玻璃片，用以覆盖烧杯、蒸发皿及漏斗等，以防止灰尘落入。使用时，表面皿的凸面向下，这样可以放得很稳，当被覆盖的容器内的物质因反应发生气体时，必会产生溶液的飞溅，溅到表面皿上的液珠会凝聚在表面皿的突出位置，可用洗瓶冲洗入原容器内，使溶液不至损失。表面皿取下放置时，凸面应向上，以免沾着污物，再盖时带入容器内。

在称量时，表面皿也常用来盛放试剂或试样。表面皿玻璃质软易碎，不能直接加热。

（10）瓷坩埚及坩埚钳。瓷坩埚可耐1 200 ℃高温，常用于沉淀的灼烧和称量。用煤气灯灼烧坩埚温度只能达到800～900 ℃，更高的温度须在马弗炉中灼烧。选用的坩埚不要太大和太厚，常用的是25 mL或30 mL薄壁的瓷坩埚。瓷坩埚不能用来熔融金属碳酸盐、苛性碱，更不能与HF接触，使用前应用自来水及热的浓HCl洗涤（洗去Fe_2O_3、Al_2O_3），最后用纯水冲洗干净。灼烧坩埚前，应先用小火焰“舐”烧坩埚的各部分，使其慢慢被烘干后，再逐渐升高温度。湿坩埚或放有湿沉淀的坩埚，绝不能突然用大火灼烧，否则很容易爆裂。

当夹取高温或冷却后待称量的坩埚时，要用坩埚钳。坩埚钳用后要钳口向上平放在白瓷板上，铜制或铁制坩埚钳要用细砂纸磨光亮后再用。

（11）干燥器。所有的称量器皿和试样，烘干后称量前，一定要放置其温度达到室温。由于空气中总含有一定量的水分，因此冷却过程中，样品不能暴露于空气中，必须放在干燥器中。

按照放在干燥器中的物质的吸湿性的不同，须采用不同强度的干燥剂。常用的干燥剂有变色硅胶、无水 $CaCl_2$，其他干燥剂还有 $CaSO_4$、Al_2O_3、浓 H_2SO_4 等。P_2O_5 和 $Mg(ClO_4)_2$是最强的干燥剂，应用较少。

干燥器中有一带孔的白瓷板，孔上可以架坩埚和其他称量器皿等。干燥器的准备和使用应注意下述几点。

a. 擦净干燥器的内壁，将多孔瓷板洗净烘干，把干燥剂筛去粉尘后，借助纸筒放入器底，再盖上多孔瓷板。

b. 在干燥器的磨口上涂上一层薄而均匀的凡士林。

c. 开启干燥器时，左手按住干燥器的下部（手心向内），右手按住盖子上的圆顶，向左前方推开器盖。盖子取下后应拿在右手中，用左手放入（或取出）坩埚（或称量瓶），及时盖上干燥器盖。盖子取下时，也可将其倒置在安全处，切忌放在桌子的边缘，以防盖子滚落跌损。加盖时，也应拿住盖上圆顶轻轻推动盖好。

d. 将坩埚放入干燥器时，应放在瓷板圆孔内，当放入热的坩埚后，应稍稍打开干燥器盖 1 ～ 2 次。

e. 干燥器内不准存放湿的器皿或沉淀物。

f. 挪动干燥器时，用拇指和食指夹住干燥器盖，防止滑落打碎。

（12）量筒和量杯。量筒和量杯一般用于粗略地量取一定体积的液体。量筒分为量出式和量入式两种形式。量出式量筒在实验室中普遍使用。量入式量筒有磨口塞子，其用途和用法与容量瓶相似，容量精度介于容量瓶与量出式量筒之间。量入式量筒在实验室用的很少。量杯的读数误差比量筒的大。

使用中必须选用合适的规格，不要用大量筒计量小体积的液体，也不要用小量筒多次量取大体积的液体。读数时，视线要与量筒内液体凹液面最低处保持水平。

（13）试剂瓶。试剂瓶一般用带有玻璃塞的细口瓶。有些试剂如 $KMnO_4$、$AgNO_3$ 等溶液，见光易分解，因此应该保存在棕色的试剂瓶中。由于苛性碱对玻璃有显著的腐蚀作用，因此贮放这种试剂时，应该用橡皮塞。如用玻璃塞，放置时间稍久，就会因玻璃被腐蚀而使塞与瓶紧紧地黏合在一起而无法启开。

试剂瓶只能贮存而不能配置溶液。特别是不可用来稀释浓 H_2SO_4 和溶解苛性碱，否则配制过程中产生的大量热会使试剂瓶炸裂。应注意，试剂瓶绝对不能加热。

试剂配好以后，应立即贴上标签，注明品名、浓度及配制日期。长期保存时，瓶口上要倒置一个小烧杯以防灰尘侵入。

（14）煤气灯。煤气灯是利用煤气作燃料的加热灯，可用作加热、灼烧及弯制玻璃管用。它由灯管及灯座组成，灯管的下部有螺旋可与灯座相连，灯管下部还有几个圆孔，是空气的入口。旋转灯管即可完全关闭或不同程度地开启圆孔，以调节空气的进入量。灯座侧面的煤气入口有橡皮管与煤气开关连接。灯座下面（或侧面）有一针型阀，用以调节煤气的进入量。

空气不足时点燃煤气灯，火焰呈黄色，此时煤气燃烧不完全，火焰中含有炭粒，火焰温度不高。逐渐加大空气量，煤气的燃烧逐渐完全，火焰分为 3 层：内层称焰心，约为 300 ℃；中层称还原焰，温度较焰心高，呈淡蓝色；外层称氧化焰，温度在 3 层中最高，可达 800～900 ℃，呈淡紫色。实验时，一般使用外层氧化焰加热。当空气和煤气的量不合适时会产生不正常火焰。煤气和空气量都太大会产生“临空火焰”，灯点不着。当煤气量小、空气量大时煤气在灯管内燃烧，发出特殊的嘶嘶声，并将灯管烧热，这叫“侵入火焰”，有时煤气量因某种原因减少也会发生侵入火焰，这叫作“回火”。遇有上述不正常燃烧情况时，要关闭煤气灯开关，重新调节和点燃。

点燃煤气灯时，应先将空气孔调小，再点燃火柴，然后同时打开煤气开关及点火（不允许先开煤气灯，再点燃火柴）。点燃煤气灯后，适当加大空气量，调节好煤气量，以得到合适的灯焰。使用过程中不得擅自离开，使用完毕后立即关闭。连接灯与管道的橡皮管若已老化应及时更换。

（15）电热恒温干燥箱（烘干箱）。电热恒温干燥箱，是用来烘干玻璃器皿、基准物、试样及沉淀等。根据烘干的对象不同，可以调节不同的温度。最高工作温度可达 300 ℃。

电热恒温干燥箱，还可用于重量法测定吸湿水、结晶水以及水或废水中的残渣等。

使用电热恒温干燥箱时应注意：对于易燃、易爆等危险品及能产生腐蚀性气体的物质不能放在恒温干燥箱内加热烘干；被烘干的物质不要撒落在箱内，防止其腐蚀内壁及隔板。使用过程中要经常检查箱内温度是否在规定的范围内，温度控制是否良好，发现问题及时修理。另外，使用温度不能超过恒温干燥箱的最高允许温度，使用完毕，应立即切断电源。

1.3.1.2 标准口玻璃仪器

标准口玻璃仪器又称磨口玻璃仪器。按其容量大小及用途，分别制成各种不同编号的标准磨口。通常使用的标准磨口有10、14、19、24、29、34、40、50等。实验室常见的有14、19、24和29四种。这些数字编号是指磨口最大端的直径（mm）。有些磨口玻璃仪器同时使用两个数字，则表示磨口大小，例如14/30表示此磨口最大处口径为14 mm，磨口长度为30 mm。使用的时候，相同编号的磨口可以相互连接，不同编号者可借助相应号码的变颈接头进行连接。使用标准口玻璃仪器既可免去配塞子及钻孔等手续，又可避免反应物料被胶塞或木塞所沾污。使用磨口仪器时必须注意下述几点。

（1）对接的磨口应尽量使用同一型号的玻璃制品。不同类型玻璃的磨口对接时，外套管的玻璃要具有较大的膨胀系数，否则容易由于胀缩不匀而破裂或打不开。

（2）磨口处必须经常保持洁净，若粘有固体杂物，则时磨口对接不紧密引起泄露甚至损坏磨口。

（3）仪器用完后应即拆卸洗净。若处于对接状态的磨口长时间放置，磨口连接处常会粘结，难以打开（当有碱存在时更难打开）。清洗磨口仪器时，不能用有机械损伤性的硬物或器械擦、刮磨口。

（4）一般使用时，磨口处无需涂抹润滑剂，以免沾污内部物料。若反应物有强碱或酰卤时，则应涂上润滑剂，以防止磨口连接处因腐蚀粘结而无法打开。

（5）安装标准口玻璃仪器时，各磨口连接处应不受由于歪斜或其他重力引起的应力作用。受热时这种应力更大，易使仪器断裂损坏。

（6）对于损坏的磨口玻璃仪器，若磨口部分仍完好，应予以回收。

1.3.2 玻璃仪器的洗涤和干燥

1.3.2.1 玻璃仪器的洗涤

为了保证实验结果的科学性和准确性，所有实验均应使用清洁、干净的仪器。

在化学实验室中，常用去污粉和洗衣粉混合洗涤各种普通玻璃仪器。待洗仪器先用水润湿，再用湿毛刷蘸少许混合洗涤剂进行里外刷洗，最后用水冲洗。标准磨口仪器的洗涤，不要使用具机械磨损作用的去污粉，可用肥皂或洗涤剂进行清洗。为了提高洗涤效果，要根据污物的性质有针对性地选用适当的洗涤措施。例如，水溶性的物质可用水直接冲洗；碱性物质可用稀盐酸或硫酸溶液洗去；对于酸性物质则可用碱（NaOH 或 Na_2CO_3）溶液清洗。对于用一般方法难以清除的污垢，可选用少量的溶剂洗脱或用洗液浸泡。

对于量度溶液体积的玻璃器皿（简称容量器皿），如容量瓶、滴定管、移液管、吸量管等，如果器皿的内壁不干净，将直接影响测定体积的准确程度，并产生杂质离子的影响，引入测量误差。因此，为了保证分析结果的准确性和良好的精密度，实验中必须保持所使用的玻璃器皿的清洁。

洗净的玻璃器皿应该内、外清洁透明，而且水沿内壁流下后，均匀润湿，不挂水珠。

洗涤玻璃仪器要根据实验要求、污物的性质和沾污的程度等来选用洗涤剂。一般来说，附着在仪器上的污物有尘土、不溶性物质、可溶性物质和有机物等。一般用自来水和刷子刷洗可除去仪器上的尘土、不溶性物质和可溶性物质；用去污粉、肥皂和合成洗涤剂可以洗去油污和有机物质。也就是说，一般的玻璃器皿如烧杯、锥形瓶、离心试管等，先用自来水冲洗，再用去污粉或肥皂水刷洗，接着用自来水冲洗，最后从洗瓶挤出少量蒸馏水涮洗 2 ～ 3 次。如果还不能洗净，可以根据污垢的性质选用适当的洗液来洗涤。

带刻度的容量器皿，如容量瓶，吸量管、滴定管等，为了保证容积的准确性，不宜用刷子刷洗，应选用适当的洗液（通常用铬酸洗液）来洗，具体办法如下。

（1）移液管和吸量管的洗涤。为了使量出的溶液体积准确，要求管内壁和下部的外壁不挂水珠。先用自来水冲洗，再用洗耳球吹出管内残留的水，然后将移液管尖插入洗液瓶内，再用洗耳球将洗液缓缓吸入移液管球部或吸量管全管约 1/4 处，用右手食指堵住移液管上口，将移液管横置，左手托住没沾洗液的移液管下端，右手指松开，平转移液管，使洗液润洗内壁，然后将洗液由上口放回原瓶，再用自来水充分冲洗，最后从洗瓶挤出少量蒸馏水冲洗内壁 2 ～ 3 次即可。

（2）容量瓶的洗涤。先用自来水涮洗内壁，倒出水后，内壁如不挂水珠，即可用蒸馏水涮洗备用，否则必须用洗液洗。用洗液之前，将瓶内残留的水倒出，装入约 15 mL 洗液，转动容量瓶，使洗液润洗内壁后，稍停一会儿，将其倒回原瓶，用自来水充分冲洗容量瓶，最后从洗瓶挤出少量蒸馏水冲洗内壁 2 ～ 3 次。

（3）滴定管的洗涤。滴定管分酸式和碱式两种。一般用自来水冲洗，零刻度以上部位可用毛刷蘸洗涤剂刷洗，零刻度线以下部位如不干净，则采用洗液洗（碱式滴定管应除去乳胶管，用橡胶乳头将滴定管下口封住）。少量的污垢可装入 5 ～ 10 mL 洗液，双手平托滴定管的两端，不断转动滴定管，使洗液润洗滴定管内壁，操作时管口对准洗液瓶口，以防洗液外流。洗完后，将洗液分别由两端放出。如果滴定管太脏，可将洗液装满整根滴定管浸泡一段时间。为防止洗液露出，可在滴定管下方放一烧瓶。最后用自来水、蒸馏水洗净。

另外，光度法中所用的比色皿，是用光学玻璃制成的，也不能用毛刷刷洗，通常用合成洗涤剂或（1+1）硝酸洗涤后，再用自来水冲洗干净，然后用蒸馏水润洗2～3次。

不能用刷子刷的仪器，如滴管等可用洗液浸泡数分钟（先取下橡皮头），然后用自来水及蒸馏水洗。

（4）洗液的配制和使用。

a. 铬酸洗液（重铬酸钾的浓硫酸溶液）。铬酸洗液常用来洗涤不宜用毛刷刷洗的器皿，可洗油脂及还原性污垢。5%的铬酸洗液的配制方法是：称10 g工业用$K_2Cr_2O_7$固体置于烧杯中，加入20 mL水，加热溶解后，在搅拌条件下慢慢加入180 mL粗浓H_2SO_4，溶液呈暗红色，贮存于磨口玻璃瓶中备用。浓硫酸易吸水，应用磨砂玻璃塞子塞好。由于铬酸洗液是一种酸性很强的氧化剂，腐蚀性很强，易烫伤皮肤，烧坏衣物，而且铬有毒，所以使用时要注意安全，具体注意事项为：首先，使用洗液前，必须先将仪器用自来水冲洗，倾尽水，以免洗液稀释后降低洗液的效率。其次，用过的洗液不能随意乱倒，应倒回原瓶，以备下次再用。残留在仪器中的少量洗液，先用少量的自来水洗一次，首次废水最好倒入废液缸中。当洗液变为绿色（$K_2Cr_2O_7$中的Cr^{6+}被还原成Cr^{3+}）时表示洗液失效，必须重新配制。而失效的洗液绝不能倒入下水道，只能倒入废液缸内，另行处理，以免造成环境污染。

b. 合成洗涤剂。可用洗衣粉或洗洁精配成大约0.5%的水溶液，适合于洗涤被油脂或某些有机物沾污的容器。此洗液也可反复使用。

c. 还原性洗涤液。用以洗涤氧化性物质，如二氧化锰可用草酸的酸性溶液（10 g草酸溶于100 mL 20%的HCl溶液中）

洗涤。

d. 硝酸洗涤液。比色皿被沾污时，可用（1+1）或（1+2）的硝酸泡洗。

以上介绍了4种常用的洗液，使用时要根据实际情况选择合适的洗液。

1.3.2.2 玻璃仪器的干燥

（1）晾干。为了保证实验时随时有洁净和干燥的仪器取用，一定要养成及时清洗仪器的习惯。每次做完实验后应把所使用过的玻璃仪器清洗干净，并把其倒置在仪器架上，让其自然晾干。这样既可保证下次实验有干净仪器使用，又避免由于久置而使污物更难洗去。

（2）电热烘箱干燥。玻璃仪器放入烘箱干燥之前，应倒置在滴水板或仪器架上滴干器壁上的挂水。放入烘箱时，仪器开口部应朝上，使水蒸气容易逸去。烘箱温度应保持在100～120 ℃。达到此温度后，中途不得临时再放入挂水的湿仪器，以免由于水滴滴到已受热的仪器上而造成破裂损坏。干燥完毕，应切断烘箱加热电源，并让其自动降温后才可取出仪器。取出仪器时应戴上棉纱手套（或用干毛巾垫手）。带余热的仪器放入干燥器或置于仪器架上，不要让热的仪器突然碰到冷水或金属板。计量玻璃仪器（如容量瓶、移液管、滴定管）不可用烘箱干燥。

（3）电吹风。难以放入烘箱的大件仪器或者为了快速干燥个别仪器，可用电吹风干燥。先将仪器的挂水尽量沥干，用少量丙酮或乙醇荡洗，倾干，用电吹风冷风吹1～3 min，吹走残留的溶剂，然后吹热风至干燥为止（有机溶剂蒸气易燃易爆，故开始时切勿吹热风），必要时再吹冷风，使仪器较快地冷却。

1.4 基础实验相关仪器使用说明

1.4.1 红外加热炉

红外加热炉是新型的加热设备，以 HGJR－02 为例，其简单介绍和使用说明如下。

（1）该产品采用微晶玻璃作为工作面板，具有很好的防腐蚀效果，微晶玻璃具有很好的温度应变性，可以耐受 700 ℃高温以及骤冷低温而不会炸裂，同时微晶玻璃还具有较好的导热方向性，红外线可以在垂直方向上辐射传递热量，水平方向上传热较少，加热区域虽然温度很高，但按键控制区域不会高温，所以，只要不触及加热区域，就不会被烫伤。

（2）该产品采用的红外线灯管，发热丝在真空状态下工作，不宜损坏，正常情况下，使用寿命大于 5 000 h。

（3）产品控制按键采用触控感应开关，使用耐久，如果不小心撒上液体，按键可能会暂时失灵，这时需用抹布擦去液体即可恢复工作。当手部沾染液体触碰按键可能也会操作无效。

（4）在正常使用过程中，如果发现降温风扇停止工作，即刻关闭电源，并联系实验室工作人员。

详细使用步骤如下。

（1）插上电源线，连接电源。

（2）开启右侧机械开关，这时应能够听到风扇的轻微响声，面板上会显示“－－－－”图案，用手指长按面板上开关按键，听到嘀，嘀，嘀开机响声，放开按键机器即可启动。

（3）机器开机默认加热功率 300 W，可以根据使用需要，改变加热功率，当显示屏右侧信号灯在加热功率位置亮起时，可以轻触点按“+”或者“-”按键，改变加热功率，可以观察到加热灯管的明暗变化。

（4）当需要定时工作时，可以点按转换按键，工作定时信号灯亮起时，通过点按加减键，设定工作时间，等工作定时结束时，机器会自动关机，停止工作，但保护风扇还会一直工作。

（5）使用完毕，不要即刻关闭右侧机械开关，等待一两分钟让机器降温后再关闭电源，这样可避免意外烫伤，同时也是保养机器的需要。

（6）机壳右侧有一多功能插座，如果开机没有任何反应，可拔下电源线，插孔侧壁有一保险座，向外扣出，检查保险管是否损坏，更换保险管（10 A），更换过保险管后如果故障未消除，请联系实验室工作人员。

1.4.2 酸度计

1.4.2.1 酸度计的原理

酸度计是采用电位法测得 pH 的。酸度计所使用的 pH 指示电极是玻璃电极和参比电极组合在一起的塑壳可充式复合电极，它的端部是吹成泡状的对于 pH 敏感的玻璃膜的玻璃。管内充填有含饱和 AgCl 的 3 mol/L KCl 参比溶液，pH 为 7。存在于玻璃膜二面的反映 pH 的电位差用 Ag/AgCl 传导系统导出。

1.4.2.2 复合电极的构造

复合电极的主要部分是一个玻璃泡，泡的下半部为特殊组成的玻璃薄膜，敏感膜是在 SiO_2（含量为 72%）基质中加入 Na_2O（含量为 22%）和 CaO（含量为 6%）烧结而成的特殊玻璃膜。厚度为 30 ～ 100 μm。在玻璃中装有 pH 一定的溶液（内部溶液或内参比溶液)，其中插入一根银—氯化银电极作为内参比电极。pH 玻璃电极之所以能测定溶液 pH，是由于玻璃膜与试液接触时会产生与待测溶液 pH 有关的膜电位（图 1－1)。

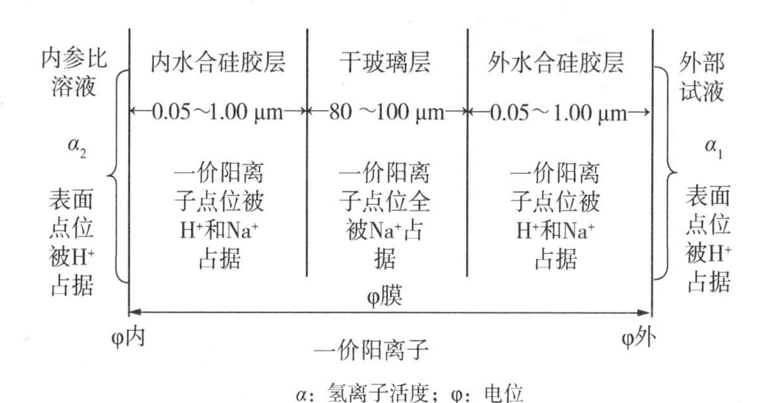

图 1－1 浸泡后的玻璃膜膜电位形成示意

当浸泡好的玻璃电极置于待测液中时，外水合硅胶层与试液接触，由于硅胶层表面和试液中的氢离子活度不同，形成活度差，氢离子便自发地从活度大的一方向活度小的一方迁移，并建立平衡：

$$H^+\text{（硅胶层）} \rightleftharpoons H^+\text{（试液）}$$

这就改变了水合硅胶层和试液两相界面的电荷分布，产生了外相界电位 $\varphi_{外}$。同理，玻璃膜内侧与内参比溶液也产生内相界电位 $\varphi_{内}$。从而 $\varphi_{膜} = \varphi_{外} - \varphi_{内}$。

一定温度下玻璃电极的膜电位 φ 膜与试液的 pH 呈线性关系，可通过的测定来测得试液 pH。

1.4.2.3 仪器结构

酸度计的结构见图 1－2。

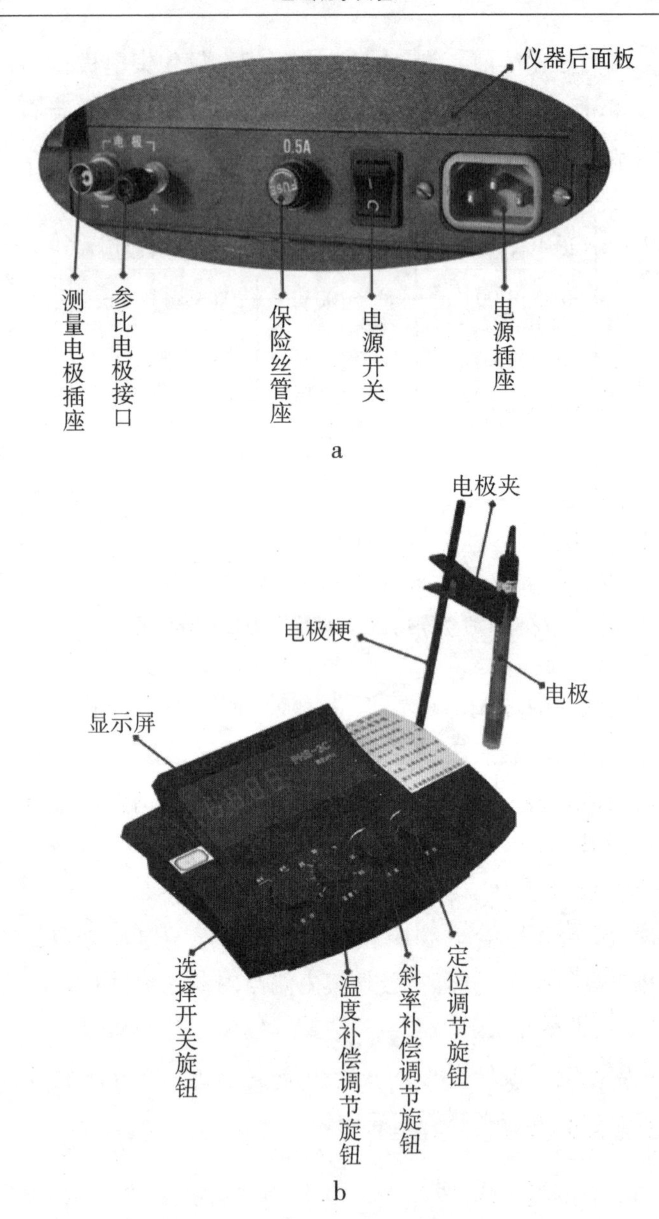

a：仪器后面面板；b：仪器正面面板

图 1－2　酸度计的结构

1.4.2.4 PHS－3C 型精密 pH 计操作步骤

（1）开机前准备。

a. 取下复合电极套。

b. 用蒸馏水清洗电极，用滤纸吸干。

（2）开机。

按下电源开关，预热 30 min。

（3）标定。

a. 拔下电路插头，接上复合电极。

b. 把选择开关旋钮调到 pH 档。

c. 调节温度补偿旋钮白线对准溶液温度值。

d. 斜率调节旋钮顺时针旋到底。

e. 把清洗过的电极插入 pH 缓冲溶液中。

f. 调节定位调节旋钮，使仪器读数与该缓冲溶液当时温度下的 pH 相一致。

（4）测定溶液 pH。

a. 先用蒸馏水清洗电极，再用被测溶液清洗 1 次。

b. 把电极浸入被测溶液中，用玻璃棒搅拌溶液，使溶液均匀，读出其 pH。

（5）结束。

a. 用蒸馏水清洗电极，用滤纸吸干。

b. 套上复合电极套，套内应放少量补充液。

c. 拔下复合电极，接上短路插头。

d. 关机。

1.4.2.5 使用注意事项

（1）经标定后，定位调节旋钮和斜率调节旋钮不应再有变动。

（2）电极保护套放在指定位置，以免洒落内装保护液。

（3）清洗电极等过程中应将“选择开关”置于“mV”档。

（4）使用完毕套上电极套和小橡皮塞；关闭电源开关，不要拔下电极和电源插座。

（5）有故障及时联系管理员。

1.4.3 电导率仪

以 DDS－307 电导率仪为例，简介如下。

1.4.3.1 仪器特点

DDS－307 型数字式电导率仪适用于测定一般液体的电导率，若配用适当的电导电极，还可用于电子工业，化学工业，制药工业，核能工业，电站和电厂测量纯水或高纯水的电导率，且能满足蒸馏水，饮用水，矿泉水，锅炉水纯度测定的需要。

本仪器的主要特点如下：数字显示，测量精度高，显示清晰；有溶液的手动温度补偿；除 A/D 转换外，仅用 1 块集成电路，可靠性好；操作方便。

1.4.3.2 结构原理

电导率的测量原理其实就是按欧姆定律测定平行电极间溶液部分的电阻。但是，当电流通过电极时，会发生氧化或还原反应，从而改变电极附近溶液的组成，产生“极化”现象，从而引起电导测量的严重误差。为此，采用高频交流电测定法，使得电极表面的氧化和还原迅速交替进行，其结果可以认为没有氧化或还原发生。

电导率仪由电导电极和电子单元组成。电子单元采用适当频率的交流信号的方法，将信号放大处理后换算成电导率。仪器中配有与传感器相匹配的温度测量系统，能补偿到标准温度电导率的温度补偿系统、温度系数调节系统以及电导池常数调节统，以及自动换挡功能等。

1.4.3.3 仪器外形及各部件的功能

电导率仪外形及各部件的功能如图 1 -3 所示。

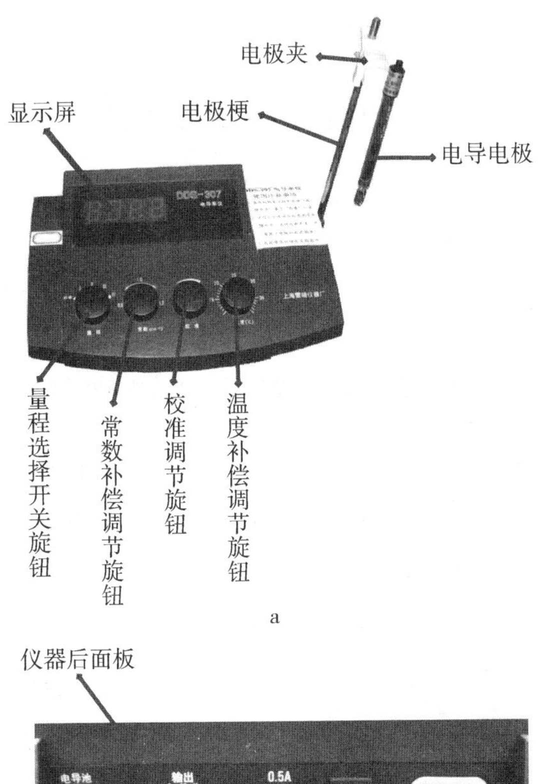

a

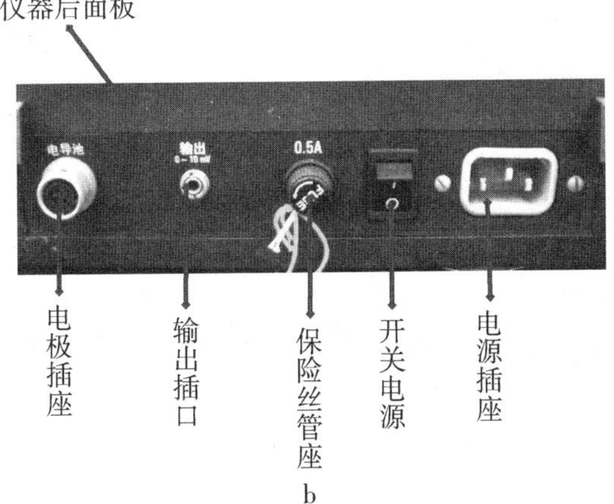

b

a：仪器正面面板；b：仪器后面板

图 1 -3　电导率仪外形及各部件的功能

1.4.3.4 DDS－307 型电导率仪操作步骤

1. 开机

按下电源开关，预热 30 min。

2. 校准

将“量程”开关旋钮指向“检查”，“常数”补偿调节旋钮指向“1”刻度线，“温度”补偿调节旋钮指向“25”刻度线，调节“校准”调节旋钮，使仪器显示 100.0 $\mu S\cdot cm^{-1}$。

3. 测量

（1）调节“常数”补偿旋钮使显示值与电极上所标常数值一致。

（2）调节“温度”补偿旋钮至待测溶液实际温度值。

（3）调节“量程”开关至显示器有读数，若显示值熄灭表示量程太小。

（4）先用蒸馏水清洗电极，滤纸吸干，再用被测溶液清洗一次，把电极浸入被测溶液中，用玻璃棒搅拌溶液，使溶液均匀，读出溶液的电导率值。

4. 结束

用蒸馏水清洗电极，关机。

1.4.3.5 注意事项

（1）清洗电极等过程应将“选择开关”置于“检查”位置。

（2）使用完毕请将电极浸泡在蒸馏水中；关闭电源开关，不要拔下电极和电源插座！

（3）有故障及时报告实验老师。

1.4.4　分光光度计

以 S22PC 型分光光度计为例，分光光度计简介如下。

1.4.4.1　工作原理

S22PC 分光光度计是一种简单易用的分光光度法通用仪器，能在从 340～1 000 nm 范围内执行透射比、吸光度和浓度直读测定，可广泛用于医学卫生、临床检验、生物化学、石油化工、环保监测、质量控制等部门作定性定量分析。

分光光度计的基本工作原理是基于物质对光波长的吸收具有选择性，不同的物质都有各自的吸收光带，所以，当光色散后的光谱通过某一溶液时，其中某些波长的光线就会被溶液吸收。在一定的波长下，溶液中物质的浓度与光能量减弱的程度有一定的比例关系，即符合朗伯－比尔定律。

$$T = I/I_0 \quad A = \lg((I_0/I) = \varepsilon cb \qquad (式1-1)$$

式中，T 为透射比，I_0 为入射光强度，I 为透射光强度，A 为消光值（吸光度），ε 为吸收系数，b 为溶液的光径长度（溶液厚度），c 为溶液的浓度。从以上公式可以看出，当入射光、吸收系数和溶液厚度一定时，透光率是随溶液的浓度而变化的。

1.4.4.2　仪器外形及操作键功能

分光光度外形及各部件功能见图 1－4。

（1）样品室，供安装各种样品附件用。

（2）试样槽架拉杆，用于改变样品槽位置（四位置）。

（3）波长指示窗，显示波长。

（4）波长调节钮，调节波长用。

（5）显示窗4位LED数字，用于显示读出数据和出错信息。

（6）“TRANS”指示灯，指示显示窗显示透射比数据。

（7）“ABS”指示灯，指示显示窗显示吸光度数据。

（8）“FACT”指示灯，指示显示窗显示浓度因子数据。

（9）“CONC”指示灯，指示显示窗显示浓度直读数据。

（10）“MODE”键，用作选择显示标尺。按透射比（“TRANS”灯亮）、吸光度（“ABS”灯亮）、浓度因子（“FACT”灯亮）、浓度直读（“CONC”灯亮）次序，每按一次渐进一步循环。

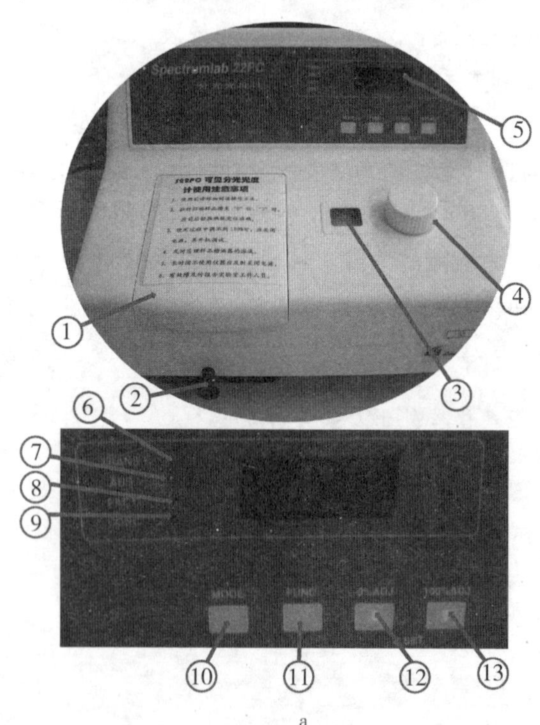

a

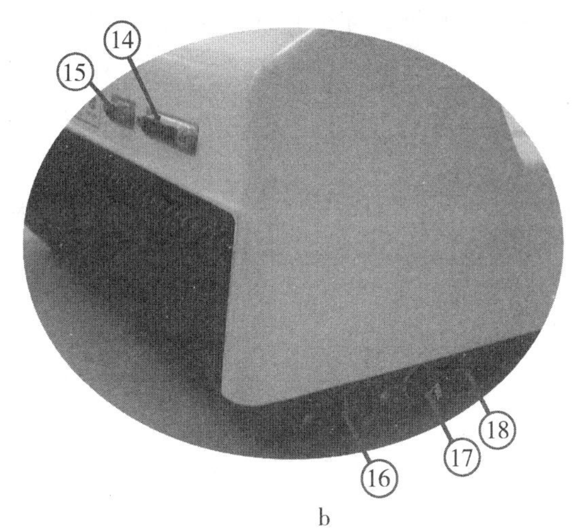

b

①样品室；②试样槽架拉杆；③波长指示窗；④波长调节钮；⑤显示窗；⑥TRAS指示灯；⑦ABS指示灯；⑧FACT指示灯；⑨CONC指示灯；⑩MODE键；⑪FUNC键；⑫↓/0% T键；⑬↑/100% T键；⑭串行接口；⑮打印机接口；⑯电源插座；⑰熔丝座；⑱总开关

a：仪器正面及操作面板；b：仪器背面

图1－4　分光光度计外形及各部件功能

（11）“FUNC”键。预定功能扩展键用。按下时将当前显示从“RS232C”口发送，可由上层PC机接收或打印机接收。

（12）“↓/0% T”键。

a. 在“TRANS”灯亮时用作自动调0% T（调整范围<10% T）。

b. 在“ABS”灯亮时不用，如按下则出现超载。

c. 在“FACT”灯亮时用作减少浓度因子设定，操作方式同“↑”键。

d. 在“CONC”灯亮时用作减少浓度直读设定，操作方式同“↓”键。

（13）“↑/100% T”键。

a. 在“TRANS”灯亮时用作自动调整100%（一次未到位可加按一次）。

b. 在“ABS”灯亮时用作自动调节吸光度0（一次未到位可加按一次）。

c. 在“FACTOR”灯亮时用作增加浓度因子设定，点按点动，持续按1秒后，进入快速增加，再按MODE键后自动确认设定值。

d. 在“CONC”灯亮时，用作增加浓度直读设定，点按点动，持续1秒后进入快速增加设定。

（14）“RS232C”串行接口插座。用于连接“RS232C”串行电缆及并行串口。

（15）打印机接口插座。用于连接打印机。

（16）电源插座。用于接插电源电缆。

（17）熔丝座。用于安装熔丝。

（18）总开关：“ON”“OFF”电源键。

1.4.4.3 仪器的基本操作

仪器的基本操作步骤如下。

（1）预热。仪器开机须预热30 min后才能进行测定工作。

（2）确定滤光片位置。本仪器备有减少杂散光，提高340～380 nm波段光度准确性的滤光片，位于样品室内侧，用一拨杆来改变位置。当测试波长在340～380 nm波段内如作高精度测试可将拨杆推向前（见机内印字指示），通常可不使用此滤光片，可将拨杆置于400～1 000 nm位置。

如在380～1 000 nm波段测试时，误将拨杆置在340～380 nm波段，则仪器将出现不正常现象（如噪声增加，不能调100%T等）。

（3）调零。打开样品室盖（关闭光门）或用不透光材料在样品室中遮断光路，然后按“0%”键，即能自动调整零位。

（4）调整“100% T”。将用作背景的空白样品置入样品室光路中，盖下试样盖（同时打开光门）按下“100% T”键即能自动调整“100% T”。

调整100%时整机自动增益系统重调可能影响0%，调整后请检查0%，如有变化可重调0%1次。

（5）调整波长。使用仪器上唯一的旋钮即可方便地调整仪器当前测试波长，具体波长由旋钮左侧的显示窗显示，读出波长时目光垂直观察。

（6）改变试样槽位让不同样品进入光路。仪器标准配置中试样槽是四位置的，用仪器前面的试样槽拉杆来改变（打开样品室盖便可观察到样品槽中样品位置。最靠近测试者的为“0”位置，依次为“1”“2”“3”位置）。对应拉杆推向最内为“0”位置，一次向外拉出相应为“1”“2”“3”位置，当拉杆到位时有定位感，到位时请前后轻轻推动一下以确保定位正确。

（7）改变标尺。各标尺间的转换用“MODE”键操作并由“TRANS.”“ABS.”“FACT.”“CONC.”指示灯分别指示，开机初时状态为TRANS，每按1次顺序循环。

1.4.4.4　使用注意事项

（1）使用前请详细阅读操作方法。

（2）拉杆拉动样品槽至“0”位，“3”时，应前后轻推确保定位准确。

（3）使用过程中调不到100%时，应关闭电源，再开机调试。

（4）及时清理样品槽洒落的溶液。

（5）长时间不使用仪器应及时关闭电源。

（6）有故障及时报告实验室工作人员。

2 基础实验

2.1 电子分析天平与煤气灯的使用

2.1.1 电子分析天平的使用

2.1.1.1 实验目的

了解分析天平的称量原理、结构特点，掌握正确的使用方法。

2.1.1.2 使用方法

（1）检查并调整天平至水平位置。

（2）事先检查电源电压是否匹配（必要时配置稳压器），按仪器要求时间通电预热。

（3）预热足够时间后打开天平开关，天平则自动进行灵敏度及零点调节。待稳定标志显示后，可进行正式称量。

（4）称量时将洁净称量瓶或称量纸置于秤盘上，关上侧门，轻按一下去皮键，天平将自动校对零点，然后逐渐加入待称物质，直到所需重量为止。

（5）被称物质的重量是显示屏左下角出现“g”标志时，显示屏所显示的实际数值。

（6）称量结束应及时除去称量瓶（纸），关上侧门，切断电源，并做好使用情况登记。

2.1.1.3 注意事项

（1）天平应放置在牢固平稳水泥台或木台上，室内要求清洁、干燥及较恒定的温度，同时应避免光线直接照射到天平上。

（2）称量时应从侧门取放物质，读数时应关闭箱门以免空气流动引起天平摆动。前门仅在检修或清除残留物质时使用。

（3）电子分析天平若长时间不使用，则应定时通电预热，每周 1 次，每次预热 2 h，以确保仪器始终处于良好使用状态。

（4）天平箱内应放置吸潮剂（如硅胶），当吸潮剂吸水变色，应立即高温烘烤更换，以确保吸湿性能。

（5）挥发性、腐蚀性、强酸强碱类物质应盛于带盖称量瓶内称量，防止腐蚀天平。

2.1.2 煤气灯的使用

2.1.2.1 实验目的

了解煤气灯的构造，学会煤气灯的正确使用方法。

2.1.2.2 实验原理

（1）煤气灯的构造。

煤气灯是化学实验室中最常用的加热器具，有多种式样，但基本构造相同。煤气灯主要由灯管和灯座两部分组成，如图 2－1 所示。灯管和灯座通过灯管下部的螺旋相连，在灯管的下部还有几个小圆孔，为空气入口，旋转灯管，可开启和关闭圆孔，以调节空气的进入量。灯座侧面有一支管为煤气入口，接上橡皮管后与煤气开关相连，将煤气引入灯内。灯座侧面（或底部）还有一螺旋针，可用于调节煤气的进入量。

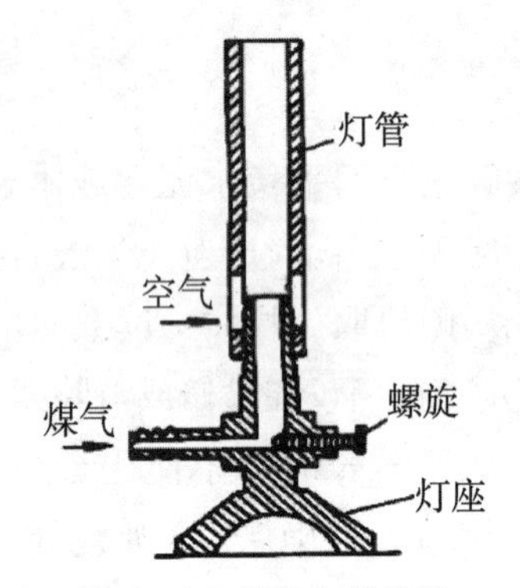

图2-1　煤气灯的构造

（2）煤气灯的使用。

点燃煤气灯时，先顺时针旋转灯管，以关闭空气入口，擦燃火柴，先放于灯管口，打开煤气开关，点燃煤气，调节煤气灯座侧面的螺旋针，使火焰保持适当高度，然后，旋转灯管，调节空气进入量，使煤气完全燃烧，形成淡紫色分层的正常火焰。煤气的正常火焰分为3层，如图2-2a所示。

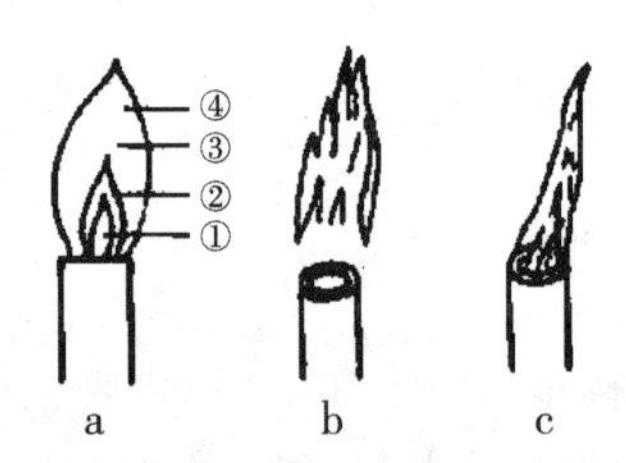

①：焰心；②：还原焰；③：最高温处；④：氧化焰

a：正常火焰；b：半空火焰；c：侵入火焰

图2-2　各种火焰分类

a. 焰心（内层）。煤气和空气的混合物，未燃烧，温度较低。

b. 还原焰（中层）。煤气不完全燃烧，并分解出含碳的产物，故这部分火焰具有还原性，称为还原焰。还原焰温度较焰心高，火焰呈淡蓝色。

c. 氧化焰（外层）。煤气完全燃烧，过剩的空气使这部分火焰具有氧化性，故称为氧化焰。最高温度处位于还原焰顶端上部的氧化焰中，温度可达1 073～1 173 K（煤气组成不同，火焰温度有所不同），氧化焰呈淡紫色。

在煤气灯的使用中，若煤气和空气的进入量调节得不合适，则会出现几种不正常的火焰。如果煤气和空气的进入量都调节得很大，则点燃煤气后火焰在灯管的上空燃烧，移去点燃所用的火柴时，火焰也自行熄灭，这样的火焰称为“凌空火焰”。如图2－2b所示。如果煤气的进入量很小，而空气的进入量很大时，煤气将在灯管内燃烧，管口会出现一缕细细的呈青色或绿色的火焰，同时有特色的“嘘嘘”声响发出，这样的火焰称为“侵入火焰”，如图2－2c所示。遇到这些不正常的火焰，应立即关闭煤气开关，重新调节和点燃煤气。

2.2 酸碱滴定（基于指示剂）

2.2.1 实验目的

（1）初步掌握移液管、滴定管的洗涤和正确使用方法。

（2）通过练习滴定操作、初步掌握甲基橙、酚酞等指示剂的使用及滴定终点的确定。

2.2.2 实验原理

0.1 $mol \cdot L^{-1}$ HCl（强酸）和0.1 $mol \cdot L^{-1}$ NaOH（强碱）相互滴定时，化学计量点的pH为7.0，pH突跃范围为4.3～9.7。凡在突跃范围内变色的指示剂，都可以保证测定有足够的准确度。本实验采用甲基橙（变色范围为pH 3.1～4.4）和酚酞（变色范围为pH 8.0～9.6）作指示剂。

2.2.3 实验步骤

(1) 0.1 mol · L^{-1} HCl 溶液的配制。

用10 mL 洁净量筒（或吸量管）量取6 mol · L^{-1}盐酸5.0 mL，倒入装有295 mL 水的500 mL 试剂瓶中，盖上玻璃塞，摇匀。

(2) 0.1 mol · L^{-1} NaOH 溶液的配制。

用500 mL 干净烧杯迅速称量 NaOH 1.2g（学生思考：用什么精准度的天平），加入 300 mL 蒸馏水，用玻璃棒搅拌溶解，冷至室温后移入500 mL 试剂瓶中，用橡皮塞（学生思考：为什么用橡皮塞）塞好瓶口，摇匀。

(3) 酸、碱溶液的相互滴定。

a. 用0.1 mol · L^{-1} NaOH 溶液润洗已洗净的碱式滴定管2～3 次，每次5～10 mL，然后将 NaOH 溶液装入碱式滴定管中，液面调至0.00 mL 刻度处。

b. 用0.1 mol · L^{-1} HCl 溶液润洗已洗净的酸式滴定管2～3次，每次5～10 mL，然后将 HCl 溶液装入酸式滴定管中，液面调至0.00 mL 刻度处。

c. 由碱式滴定管中放出 NaOH 溶液10 mL 于250 mL 锥形瓶中，加入1 滴甲基橙指示剂，用0.1 mol · L^{-1} HCl 溶液滴定，直到加入1 滴或半滴 HCl 溶液后，溶液由黄色刚变为橙色；再由碱式滴定管中滴入少量（几滴）NaOH 溶液，溶液又由橙色变为黄色；再由酸式滴定管中滴入 HCl 溶液，使溶液由黄色变为橙色；如此反复练习滴定操作和观察终点颜色的变化。用少量蒸馏水淋洗锥形瓶内壁。最后在黄色刚变为橙色时停止滴定，读准最后所用 HCl 和 NaOH 溶液的体积数，并求出两溶液的体积比 $\frac{V_{HCl}}{V_{NaOH}}$。平行滴定3 份，计算平均结果和相对平均偏差，要求相对平均偏差不大于0.2%～0.3%。按表2－1 填写记录。

表 2－1　HCl 溶液与 NaOH 溶液体积比的测定

滴定编号		Ⅰ	Ⅱ	Ⅲ
指示剂				
HCl 溶液	终读数			
	初读数			
	V_{HCl}/mL			
NaOH 溶液	终读数			
	初读数			
	V_{NaOH}/mL			
$\frac{V_{HCl}}{V_{NaOH}}$				
$\left(\frac{V_{HCl}}{V_{NaOH}}\right)_{平均值}$				
单次测定偏差（d）				
相对平均偏差/%				

$$相对平均偏差/\% = \frac{|d_1|+|d_2|+\cdots+|d_n|}{n\times(V_{HCl}/V_{NaOH})_{平均值}}\times 100\%$$

d. 用移液管吸取 10.00 mL 的 0.1 mol · L^{-1} HCl 溶液于 250 mL 锥形瓶中，加 1 ～ 2 滴酚酞指示剂，用 0.1 mol · L^{-1} NaOH 溶液滴定，至出现微红色 30 s 不褪色为终点（学生思考：为什么）。平行测定 3 次，要求 3 次测定所消耗 NaOH 溶液的体积之间的差值不超过 0.04 mL。按表 2－2 填写记录。

表 2－2　NaOH 溶液滴定 10.00 mL HCl 溶液

<table>
<tr><td colspan="2">滴定编号</td><td>Ⅰ</td><td>Ⅱ</td><td>Ⅲ</td></tr>
<tr><td colspan="2">指示剂</td><td colspan="3"></td></tr>
<tr><td colspan="2">V_{HCl}/mL</td><td colspan="3"></td></tr>
<tr><td rowspan="3">NaOH 溶液</td><td>终读数</td><td></td><td></td><td></td></tr>
<tr><td>初读数</td><td></td><td></td><td></td></tr>
<tr><td>V_{NaOH}/mL</td><td></td><td></td><td></td></tr>
<tr><td colspan="2">$\frac{V_{HCl}}{V_{NaOH}}$</td><td></td><td></td><td></td></tr>
<tr><td colspan="2">$\left(\frac{V_{HCl}}{V_{NaOH平均值}}\right)$</td><td colspan="3"></td></tr>
<tr><td colspan="2">单次测定偏差（d）</td><td></td><td></td><td></td></tr>
<tr><td colspan="2">相对平均偏差/%</td><td></td><td></td><td></td></tr>
</table>

思考题

1. 在滴定分析中，滴定管、移液管为什么要用操作溶液润洗几次？滴定中使用的锥形瓶是否也要用操作溶液润洗？为什么？

2. 为什么每次最好将滴定管的初读数调至 0.00 mL 刻度处？

2.3　弱电解质电离度与电离常数的测定

在水溶液中仅能部分电离的电解质称为弱电解质。弱电解质的电离平衡是可逆过程，当正逆两过程速率相等，分子和离子之间就达到了动态平衡，这种平衡称为电离平衡。一般只要设法测定平衡时各物质的浓度（或分压）便可求得平衡常数。通常，测定平衡常数的方法有目测法、pH 法、电导率法、电化学法和分光光度法等，本实验利用 pH 法和电导率法测定乙酸的电离常数。

2.3.1 pH 法测定乙酸的电离常数和电离度

2.3.1.1 实验目的

（1）测定乙酸的电离常数，加深对电离度和电离常数的理解。

（2）学习正确使用 pH 计。

2.3.1.2 实验原理

乙酸（CH_3COOH）简写成 HAc，在溶液中存在如下电离平衡：

$$HAc \rightleftharpoons H^+ + Ac^- \qquad (2-1)$$

其平衡常数为

$$K_i = \frac{[H^+][Ac^-]}{[HAc]} \qquad (式2-1)$$

式中，$[H^+]$、$[Ac^-]$ 和 $[HAc]$ 分别是 H^+、Ac^- 和 HAc 的平衡浓度。HAc 溶液的总浓度可用标准 NaOH 溶液滴定测得。一定温度下，溶液中电离出 H^+ 的浓度可以用 pH 计测定 HAc 溶液的 pH 计算出来。另外，根据各物质之间的浓度关系，求出 $[Ac^-]$ 和 $[HAc]$ 后代入上式便可计算出该温度下的 K_i 值，并可计算出电离度 α。

2.3.1.3 实验步骤

（1）用 0.2 $mol \cdot L^{-1}$ NaOH 标准溶液测定 HAc 溶液的浓度，以酚酞作指示剂。

（2）分别吸取 2.50 mL、5.00 mL、25.00 mL 上述 HAc 溶液

于3个50 mL容量瓶中，定容，并分别计算出各溶液的准确浓度。

（3）用4个干燥的50 mL烧杯，分别取约30 mL上述3种浓度的HAc溶液及未稀释的HAc溶液，由稀到浓分别用pH计测定它们的pH。

（4）记录和结果。

a. 以表格形式列出实验数据，并计算电离常数K_i及电离度α。

b. 根据实验结果讨论HAc电离度与其浓度的关系。

思考题

1. 在乙酸溶液的平衡体系中，未电离的HAc、H^+和Ac^-的浓度是如何获得的？

2. 在测定同一种电解质溶液的不同pH时，测定的顺序为什么要由稀到浓？

3. 用pH计测定溶液的pH时，怎样正确使用玻璃电极？

2.3.2 电导率法测定乙酸的电离常数和电离度

2.3.2.1 实验目的

（1）学习电导率法测定乙酸的电离常数。

（2）了解电导率仪的正确使用方法。

2.3.2.2 实验原理

电解质溶液导电能力的大小常以电阻R或电导G表示，电导为电阻的倒数，电阻的单位为欧姆（Ω），电导的单位为西门子（S）。

温度一定时，两电极间溶液的电导与电极之间的距离l成反比，与电极的面积 A 成正比：

$$G = \kappa \frac{A}{l} \qquad （式 2-2）$$

κ 为电导率，即两电极距离为 1 cm、电极面积为 1 cm^2 时溶液的电导（单位 $S \cdot cm^{-1}$）。当两电极距离 l 和面积 A 一定时，l/A 为一常数，称为电极常数。

距离为 1 cm 的两平行电极间放置含有 1 mol 电解质的溶液的电导率称为摩尔电导率 Λ_m（为了便于应用摩尔电导率比较电解质的导电能力，故取 $1/n$ 电解质化学式量为摩尔的基本单元）。摩尔电导率和电导率有如下关系：

$$\Lambda_m = \frac{1000\kappa}{nc} \qquad （式 2-3）$$

式中，c 为电解质溶液的物质的量浓度（以电解质的化学式量为基本单元）；n 为一式量溶质中阴离子或阳离子的电荷总量。

溶液无限稀释时的摩尔电导率称为极限摩尔电导率 Λ_0。一定温度下，溶液的摩尔电导率和离子的真实浓度成正比。当溶液无限稀释时，弱电解质可看作全部电离，此时测得的电导率为极限摩尔电导率。一定温度下各种弱电解质的 Λ_0 有一定值，表 2-3 是 HAc 的极限摩尔电导率。对于某一弱电解质，其电离度 α 等于浓度为 c 的摩尔电导率 Λ_m 与 Λ_0 之比：

$$\alpha = \frac{\Lambda_m}{\Lambda_0} \qquad （式 2-4）$$

表 2-3　HAc 的极限摩尔电导率

T/℃	0	18	25	30
$\Lambda_0/S \cdot cm^2 \cdot mol^{-1}$	245.0	349.0	390.7	421.8

HAc 在溶液中电离达到平衡时有如下关系：

$$K_i = \frac{c\alpha^2}{1 - \alpha} \qquad \text{(式 2 - 5)}$$

将式 2 -5 代入式 2 -6 得：

$$K_i = \frac{c\Lambda_m^2}{\Lambda_0(\Lambda_0 - \Lambda_m)} \qquad \text{(式 2 - 6)}$$

将式 2 -4 代入式 2 -7 得：

$$K_i = \frac{\kappa^2 \times 10^6}{n\Lambda_0(nc\Lambda_0 - \kappa \times 10^{-3})} \qquad \text{(式 2 - 7)}$$

所以只要测得 HAc 的浓度和对应的电导率，便可求得一定温度下 HAc 的电离常数。

2.1.2.3 实验步骤

（1）按照 pH 法配制不同浓度的 HAc 溶液。

（2）由稀到浓测定溶液的电导率。

（3）记录和结果。

实验数据以表格形式列出，计算 HAc 的电离常数 K_i 和电离度 α。并与 pH 法的结果进行比较分析。

思考题

1. 弱电解质的电导率与哪些因素有关？什么叫极限摩尔电导率？

2. 使用电导率仪应注意哪些问题？

2.4 水的总硬度的测定（络合滴定法）

2.4.1 实验目的

（1）掌握用络合滴定法测定水的总硬度的原理和方法。

（2）学习采集自来水样的方法。

2.4.2　实验原理

水的总硬度是指水中钙、镁离子的总浓度。各国对水的硬度表示方法有所不同。我国“生活饮用水卫生标准”规定总硬度（以碳酸钙计）不得超过450 mg · L^{-1}。我国目前使用较多的表示方法还有 mmol · L^{-1}，1 mmol · L^{-1}相当于100 mg · L^{-1}以碳酸钙表示的硬度。

除了对饮用水的总硬度有一定的要求之外，各种工业用水对总硬度也有不同的要求。因此，测定水的总硬度有很重要的实际意义。

EDTA 滴定法测定水的总硬度是国内外规定的标准分析方法，适用于生活饮用水、锅炉用水、冷却水、地下水以及没有被严重污染的地表水。

用 EDTA 滴定 Ca^{2+}、Mg^{2+} 总量时，一般是在 pH = 10 的 NH_3-NH_4Cl 缓冲介质中进行，用铬黑 T 作指示剂。化学计量点前，Mg^{2+}与铬黑 T 形成酒红色络合物。当用 EDTA 滴定时，先和 Ca^{2+}络合，然后再和 Mg^{2+} 络合。到达化学计量点时，EDTA 夺取 Mg^{2+} – 铬黑 T 中的 Mg^{2+}，释放出来游离的铬黑 T 而使溶液变为纯蓝色。

Al^{3+}、Fe^{3+}、Ti^{4+}、Co^{2+}、Ni^{2+}、Cu^{2+} 等离子会封闭铬黑 T。为了消除封闭作用，可以用三乙醇胺掩蔽 Al^{3+}、Fe^{3+}、Ti^{4+}；以氰化钾掩蔽 Co^{2+}、Ni^{2+}、Cu^{2+} 等；也可以用硫化钠沉淀掩蔽少量 Co^{2+}、Ni^{2+}、Cu^{2+}、Pb^{2+}、Cd^{2+}、Zn^{2+}和 Mn^{2+} 等。

铬黑 T 与 Ca^{2+}络合较弱，所呈颜色不深，终点变化不明显，不宜作为 Ca^{2+} 的指示剂。当水样中的 Mg^{2+} 的含量较低时（一般要求相对于 Ca^{2+} 来说需有 5% Mg^{2+} 存在），用铬黑 T 指示剂往往终点变色不敏锐。这时，可在加铬黑 T 前在被滴定液中加入适量 Mg^{2+} – EDTA 溶液（也可以在标定前向 EDTA 溶液中加入适

量 Mg^{2+})，利用置换滴定法的原理来提高终点变色的敏锐性。

如果水样中 HCO_3^-、H_2CO_3 含量较高，会使终点变色不敏锐，这时可先将水样酸化、煮沸、冷却后再测定。

2.4.3 实验步骤

(1) 0.01 mol · L^{-1}EDTA 标准溶液的配制。

用洁净的 500 mL 烧杯称取（用什么天平?）配制 300 mL 0.01（或 0.02）mol · L^{-1} EDTA 溶液所需的 EDTA 二钠盐（$Na_2H_2Y \cdot 2H_2O$）固体，在烧杯中加水、温热溶解、冷却后转移入试剂瓶中[(1)]，摇匀。

(2) Ca^{2+}标准溶液的配制。

准确称取 100 mL 0.01 mol · L^{-1} Ca^{2+} 溶液所需的 $CaCO_3$（0.1 001 g ± 0.0 002 g）于 150 mL 烧杯中。先用少量水润湿，盖上表面皿，从烧杯嘴滴加 5 mL 6 mol · L^{-1} HCl 溶液使 $CaCO_3$ 全部溶解（注意：5 mL HCl 不用加完，溶解完全后，再补加 1～2 滴 HCl 即可)。加水使溶液总量约达到 50 mL，微沸几分钟以除去 CO_2[(2)]。冷却后用少量水冲洗表面皿，定量地转移到 100 mL 容量瓶中，用水稀释至刻度，摇匀，计算其准确浓度。

(3) Zn^{2+}标准溶液的配制。

用干净的 150 mL 烧杯准确称取配制 100 mL 0.01（或 0.02）mol · L^{-1}的锌溶液所需的纯锌片，加入 3 mL 6 mol · L^{-1} HCl 溶液，立即盖上表面皿，微热[(3)]，待锌完全溶解后，以少量水冲洗表面皿和烧杯内壁，适当稀释后定量地转移至 100 mL 容量瓶中，以水稀释至刻度，摇匀。计算其准确浓度。

(4) 0.01 mol · L^{-1}EDTA 溶液的标定。

a. 在 pH = 10 时以 $CaCO_3$ 为基准物质（本实验采用此方法)。吸取 10.00 mL Ca^{2+} 标准溶液于锥形瓶中，加 1 滴 0.05%

甲基红，用（1+2）$NH_3 \cdot H_2O$ 溶液中和至溶液由红色变浅黄色。加入 20 mL 水和 3 mL Mg^{2+} – EDTA（学生思考：是否要准确加入），再加 5 mL pH = 10 的缓冲溶液和 4 滴铬黑 T 指示剂。立即用 0.01 $mol \cdot L^{-1}$ EDTA 溶液滴定至由酒红色变纯蓝色即为终点(4)。平行标定 3 份，计算 EDTA 溶液的准确浓度。

b. 在 pH = 10 时以 Zn^{2+} 为基准物质。吸取 10.00 mL 0.01 $mol \cdot L^{-1}$ Zn^{2+} 标准溶液于锥形瓶中，加 1 滴 0.05% 甲基红，用（1+2）$NH_3 \cdot H_2O$ 溶液中和至溶液由红色变浅黄色。加入 20 mL 水和 5 mL pH 10 的缓冲溶液，再加 4 滴铬黑 T 指示剂。用 0.01 $mol \cdot L^{-1}$ EDTA 溶液滴定至由酒红色变纯蓝色即为终点(4)。平行标定 3 份，计算 EDTA 溶液的准确浓度。

c. 在 pH 为 5～6 时以 Zn^{2+} 为基准物质。吸取 10.00 mL 0.01 $mol \cdot L^{-1}$ Zn^{2+} 标准溶液于锥形瓶中。加入 2 滴二甲酚橙指示剂，滴加 20% 的六次甲基四胺溶液至溶液呈现稳定的紫红色，再过量 5 mL。用 0.01 $mol \cdot L^{-1}$ EDTA 溶液滴定至溶液由紫红色变为亮黄色即为终点。平行标定 3 份，计算 EDTA 溶液的准确浓度。

d. 返滴定法标定 EDTA 溶液。用移液管移取 10.00 mL 0.01 $mol \cdot L^{-1}$ EDTA 溶液于锥形瓶中，加入 40 mL 水和 5 mL、pH = 5.8 的六次甲基四胺溶液，再加 2 滴二甲酚橙指示剂。用 0.01 $mol \cdot L^{-1}$ 锌标准溶液滴定至溶液由黄色变为紫红色即为终点。平行标定 3 份，计算 EDTA 的浓度。

（5）自来水水样的采集。

打开自来水龙头，先放水几分钟，使积留在水管中的杂质及陈旧水排出。接着用水样洗涤干净的取样瓶及塞子（无色具塞硬质玻璃瓶或具塞聚乙烯瓶）2～3 次。最后，将取样瓶装满水样，盖好塞子（可提前采集一大瓶水样供一个实验组共用，以便比较结果）。

（6）自来水总硬度的测定。

准确移取 100 mL 自来水样（视水样硬度大小而取适量体积）于锥形瓶中，加入 5 mL pH 10 的缓冲溶液和 4 滴铬黑 T 指示剂(5)，立即用 0.01 mol·L^{-1}的 EDTA 标准溶液滴定至由酒红色变纯蓝色即为终点(6)。平行测定 3 份，计算自来水的总硬度，以 $CaCO_3$ mg·L^{-1}表示，并判断该水样的总硬度是否符合生活饮用水的卫生标准。

试剂说明如下。

（1）Mg^{2+}-EDTA 溶液。先配制 0.05 mol·L^{-1}的 $MgCl_2$ 和乙二胺四乙酸（EDTA）二钠盐(7)溶液各 500 mL。吸取 25.00 mL Mg^{2+}溶液，加水 20 mL 和 pH 10 缓冲溶液 10 mL，加铬黑 T 4 滴，用 EDTA 溶液滴定至酒红色变纯蓝色，记录 EDTA 的体积。重复一次，取其平均值。按所得的比例使 $MgCl_2$ 和 EDTA 溶液混合，配成 1∶1 的 Mg^{2+}-EDTA 溶液。每 100 mL Mg^{2+}-EDTA 溶液加入 10 mL pH 10 的 NH_3-NH_4Cl 缓冲溶液。Mg^{2+}-EDTA 溶液若配制得当，取制备溶液 5 mL，加入 20 mL 水和 5 mL pH 10 的缓冲溶液，加铬黑 T 2 滴，溶液应呈紫色；且只要加入 1 滴 0.01 mol·L^{-1}EDTA 溶液将使溶液变成蓝色，而加入 1 滴 0.01 mol·L^{-1} Mg^{2+}将使溶液变成红色。

（2）0.5% 铬黑 T 的三乙醇胺-无水乙醇溶液。将 0.5g 铬黑 T 溶于含有 25 mL 三乙醇胺及 75 mL 无水乙醇的溶液中(8)。

也可配成铬黑 T 与 NaCl 的固体混合物。将 10 g NaCl 研细，加 0.1g 铬黑 T，再研匀，装入棕色小磨口瓶，保存于干燥器中。每次约加绿豆大小。按此法配制和保存的铬黑 T，一般可使用一年以上。

（3）锌片。锌片含锌 99.99%。

（4）20% 的六次甲基四胺溶液。

（5）pH 5.8 的六次甲基四胺溶液。先配制 20% 的六次甲基四胺溶液，然后通过 pH 计用 6 mol · L^{-1}HCl 调至 pH 5.8。

（6）0.2%的二甲酚橙水溶液[9]。

【注释】

（1）EDTA 溶液比较稳定。但若贮存在软质玻璃中，EDTA 可与玻璃中的 Ca^{2+}、Mg^{2+} 等络合，影响它的浓度。因此，EDTA 溶液隔一段时间后必须重新标定。如果溶液需长期保存，应贮存在硬质玻璃瓶或聚乙烯塑料瓶中。

（2）在碱性溶液中，当 $Ca(HCO_3)_2$ 含量高时，可能慢慢析出 $CaCO_3$ 沉淀，使终点拖长，变色不敏锐，甚至反复，所以要煮沸除去 CO_2。

（3）若时间允许，可盖上表面皿后放置过夜，待其自然溶解。

（4）滴定到接近终点时，反应速度较慢，EDTA 溶液应慢慢加入，加 1 滴充分摇匀后再继续滴定。若不清楚终点是否到达时，可先读数，再加半滴，摇匀，溶液颜色无变化则该读数已是终点，否则不是终点。另外，若甲基红加入较多，终点会呈蓝绿色（蓝 + 淡黄）。

（5）自来水样一般杂质较少，故可省去将水样酸化、煮沸的步骤，也不必加三乙醇胺、氰化钾或硫化钠等掩蔽剂。

（6）为防止在碱性溶液中析出碳酸钙及氢氧化镁沉淀，滴定时所取的 100 mL 水样中，钙和镁总量不可超过 3.6 mmol · L^{-1}；加入缓冲溶液后，必须立即滴定。开始滴定时速率宜稍快；接近终点时宜稍慢，每加 1 滴 EDTA 溶液后，都充分摇匀。如果终点变色缓慢，可能是缺乏 Mg^{2+}，应在滴定前加入 5 mL Mg^{2+}– EDTA。

（7）有时，乙二胺四乙酸二钠盐含有一定数量的乙二胺四乙酸，后者溶解度小，使得配制 0.05 mol · L^{-1}EDTA 时，即使加热，试剂也溶解不完。为此，可加入少量 NaOH 溶液使 pH 提高到 5.0 以上，以促使试剂溶解。

（8）固体铬黑 T 很稳定，但其水溶液则只能稳定数日，这是由于发生聚合反应和氧化反应所致。加入三乙醇胺可防止聚合，加入还原剂，如盐酸羟胺或抗坏血酸可防止氧化。已有多种改良的配制方法，其有效期从1周升至数周，甚至数月不等。但放置时间过长，其敏锐性会下降，甚至失败。

（9）二甲酚橙水溶液有效期为3个月左右。

思考题

1. 如果配制EDTA溶液的水中含有少量Ca^{2+}、Mg^{2+}，则在pH 10时用Ca^{2+}标定和在pH 5～6时用Zn^{2+}标定，所得结果是否一致？为什么？

2. 在pH 10时用Ca^{2+}或Zn^{2+}标定EDTA溶液时，为了中和基准溶液中的强酸，能否用酚酞代替甲基红来指示中和反应？如果不用酸碱指示剂，操作应怎样进行？

3. 查出在pH 10用Ca^{2+}、Mg^{2+}与EDTA、铬黑T络合物的条件稳定常数。并据此阐述实验中用Ca^{2+}标定EDTA时应用Mg^{2+}－EDTA改善滴定终点敏锐性的原理。

4. 测定水的总硬度，在什么情况下可以省去下列的步骤？

（1）将水样酸化、微沸。

（2）加入三乙醇胺。

（3）加入Na_2S。

（4）加入Mg^{2+}－EDTA溶液。

5. 为了用$CaCO_3$标定EDTA，以及测定水的总硬度，除了用铬黑T作指示剂（加Mg^{2+}－EDTA）以外，还可采用什么指示剂？用钙指示剂可以吗？

6. 用钙标准溶液标定EDTA及测定水的总硬度时，吸取3份Ca^{2+}溶液或水样，同时加入氨性缓冲溶液，然后逐步对每份进行滴定，这样好不好？为什么？

2.5 高锰酸钾法测定过氧化氢的含量

2.5.1 高锰酸钾标准溶液的配制和标定

2.5.1.1 目的要求

（1）掌握高锰酸钾标准溶液的配制和标定原理。

（2）掌握用 $Na_2C_2O_4$ 标定高锰酸钾浓度的方法。

2.5.1.2 原理

由于 $KMnO_4$ 是一种很强的氧化剂，用它可以直接滴定 Fe（Ⅱ）、As（Ⅲ）、Sb（Ⅲ）、H_2O_2、$C_2O_4^{2-}$、NO_2^- 及其他具有还原性的物质，还可以间接测定一些没有氧化还原性的物质，例如，能与 $C_2O_4^{2-}$ 定量沉淀成草酸盐的阳离子——Ca^{2+}、Ba^{2+}、Th^{4+} 等。

$KMnO_4$ 的氧化能力和还原产物与溶液的酸度有关。在强酸性溶液中按下式起反应：

$$MnO_4^- + 8H^+ + 5e^- = Mn^{2+} + 4H_2O \qquad (2-2)$$

通常，滴定溶液的［H^+］要保持在 $1 \sim 2\ mol \cdot L^{-1}$。

纯的 $KMnO_4$ 溶液相当稳定。但试剂中往往含有少量的 MnO_2 及其他杂质，实验用水中的微量还原性物质也会引起从配制的溶液中析出 MnO_2 或 $MnO(OH)_2$ 的沉淀。这些四价锰的物质会进一步促使高锰酸钾溶液的分解。为了得到稳定的高锰酸钾溶液，需要将溶液中析出的四价锰的沉淀物质用微孔玻璃漏斗过滤除去。

标定 $KMnO_4$ 溶液的基准物质有 As_2O_3、纯铁丝和 $Na_2C_2O_4$

等，但其中以后者最常用，其标定反应为：

$$5C_2O_4^{2-}+2MnO_4^-+16H^+ = 10CO_2\uparrow+2Mn^{2+}+8H_2O \quad (2-3)$$

由于 $KMnO_4$ 和 $Na_2C_2O_4$ 的反应较慢，故开始滴定时加入的高锰酸钾不能立即褪色，但一经反应生成 Mn^{2+} 后，由于 Mn^{2+} 对反应有催化作用，反应速度加快。滴定时将溶液加热可以提高反应速度。

当溶液中 MnO_4^- 浓度约为 2×10^{-6} mol·L^{-1}时，人眼即可观察到粉红色，故用 $KMnO_4$ 作滴定剂进行滴定时，通常不另加其他指示剂，而利用粉红色的出现指示终点。

2.5.1.3 试剂

高锰酸钾（固体，AR），草酸钠（基准试剂）于 105 ℃干燥 2 h 备用，3 mol·L^{-1}硫酸溶液。

2.5.1.4 实验步骤

（1）0.02 mol·L^{-1} $KMnO_4$ 标准溶液的配制。

在天平上称取高锰酸钾约 1.6 g 于烧杯中，加入 500 mL 蒸馏水，盖上表面皿，煮沸并保持微沸状态 1 h，冷却后，用微孔玻璃漏斗（3 号或 4 号）(1)或玻璃棉过滤，滤液贮于棕色试剂瓶中。将溶液于室温下静置 2～3 d 后过滤，备用(2)。

（2）0.02 mol·L^{-1} $KMnO_4$ 浓度的标定。

准确称取 0.15～0.20 g 基准物质 $Na_2C_2O_4$ 3 份，分别置于 250 mL 锥形瓶中，加入 50 mL 蒸馏水，加热使其溶解，加入 15 mL 3 mol·L^{-1} H_2SO_4 溶液，水浴慢慢加热直到锥形瓶口有蒸气冒出（70～80 ℃）(3)。趁热用待标定的 $KMnO_4$ 溶液进行滴定(4)，至溶液 30 s 内仍保持微红色不褪，表明已达到终点。滴定过程要注意速度，必须在第一滴 $KMnO_4$ 溶液滴入后，不断摇动溶液，当紫红色褪去后再滴入第二滴。计算 $KMnO_4$ 溶液的浓度平均值。

【注释】

（1）过滤 $KMnO_4$ 溶液的漏斗滤板上的 MnO_2 沉淀可用还原性溶液，如亚铁的酸性溶液除去，再用水抽洗干净。

（2）$KMnO_4$ 也可溶于新煮沸放冷的蒸馏水中，置棕色玻璃瓶内，于暗处放置 7～10 d 后过滤备用。

（3）温度不能太高，如超过 85 ℃则有部分 $H_2C_2O_4$ 分解，反应式如下：

$$H_2C_2O_4 = CO_2\uparrow + CO\uparrow + H_2O \tag{2-4}$$

滴定结束时的温度也不应低于 60 ℃。

（4）$KMnO_4$ 色深，液面弯月面下缘不易看出，读数时应以液面的最高线为准（即读液面的边缘）。

思考题

1. 用 $Na_2C_2O_4$ 标定 $KMnO_4$ 标准溶液的过程中，加酸、加热和控制滴定速度的目的是什么？

2. 装 $KMnO_4$ 标准溶液的玻璃器皿放置较久时，其壁上常有棕色沉淀物，这是什么物质？应如何除去？

2.5.2 高锰酸钾法测定过氧化氢的含量

2.5.2.1 目的要求

掌握高锰酸钾法测定过氧化氢的原理和方法。

2.5.2.2 原理

过氧化氢 H_2O_2 俗名双氧水，纯品为淡蓝色黏稠液体，能与水、乙醇或乙醚以任何比例混合。贮存时会自行分解为水和氧，可加少量乙酰苯胺等作稳定剂，其稳定性随溶液的稀释而增加。市售的商品一般是30%或3%的水溶液。H_2O_2 为强氧化剂，某些情况下又是还原剂。可用作氧化剂、漂白剂、消毒剂、脱氯剂，并供制火箭燃料、有机或无机过氧化物、泡沫塑料和其他多孔物质等。

在硫酸溶液中，H_2O_2 在室温下能定量还原高锰酸钾。因此，可用高锰酸钾法测定 H_2O_2 的含量，其反应为：

$$2MnO_4^- + 5H_2O_2 + 6H^+ = 2Mn^{2+} + 8H_2O + 5O_2\uparrow \quad (2-5)$$

上述滴定反应在开始时速度较慢，但随着反应的进行，生成的 Mn^{2+} 可起催化作用使反应加快。化学计量点后，稍过量的滴定剂 $KMnO_4$ 呈现的微红色表明到达滴定终点。

若 H_2O_2 中含有乙酰苯胺等稳定剂，由于它们会消耗 $KMnO_4$，因而在这种情况下，采用碘量法为宜。

2.5.2.3 试剂

高锰酸钾（固体，AR），草酸钠（基准试剂），3 $mol \cdot L^{-1}$ 硫酸溶液，H_2O_2（30%或3%）。

2.5.2.4 实验步骤

（1）0.02 $mol \cdot L^{-1}$ $KMnO_4$ 标准溶液的配制和标定。

（2）H_2O_2 含量的测定。

a. 含30% H_2O_2样品的测定，吸取样品1.00 mL，置于预先放有50 mL水的100 mL容量瓶中，加水稀释至刻度，摇匀。取10.00 mL溶液置于250 mL锥形瓶中，加水30 mL，3 $mol \cdot L^{-1}$ 硫酸溶液10 mL(1)，用 $KMnO_4$ 标准溶液滴定至微红色30 s内不消失为终点。平行测定3份。

计算公式（百分比浓度，单位 g/mL）：

$$H_2O_2\% = \frac{m_{H_2O_2}^{(2)}}{m_{solution}} \times 100\% =$$

$$\frac{c_{KMnO_4} \times V_{KMnO_4} \times \frac{5 \times M_{H_2O_2}}{2 \times 1000} \times \frac{100}{10}}{m_{solution}} \times 100\% \quad (式2-8)$$

b. 含3% H_2O_2的样品的测定，吸取样品 1.00 mL，置于预先放有 40 mL 水的 250 mL 锥形瓶中，加 3 mol·L^{-1}硫酸溶液 10 mL，用 $KMnO_4$ 标准溶液滴定至微红色 30 s 内不消失为终点。平行测定3份。

计算公式：

$$H_2O_2(\%) = \frac{m_{H_2O_2^{(2)}}}{m_{solution}} \times 100\% = \frac{c_{KMnO_4} \times V_{KMnO_4} \times \frac{5 \times M_{H_2O_2}}{2 \times 1000}}{m_{solution}} \times 100\%$$

（式2-9）

【注释】

（1）为了使反应尽快启动，可外加 1 mol·L^{-1} $MnSO_4$ 溶液2～3滴。

（2）若吸取样品 1.00 mL，置于预先放有 5 mL 水并已准确称量的带磨口塞的小锥形瓶中，再准确称量，然后定量地转移至 100 mL 容量瓶中定容，这样便可计算出 $H_2O_2\%$（m/m）。

思考题

1. 用 $KMnO_4$ 法测定 H_2O_2 时，能否用 HNO_3 或 HCl 来控制酸度？

2. 若用碘量法测定 H_2O_2，其基本反应是怎样的？

2.6 碘离子引发的双氧水氧化动力学实验

2.6.1 实验目的

从动力学的角度研究氧化还原反应，并通过实验推断出其反应级数和速率常数。

2.6.2 动力学实验原理

我们研究以下反应：

$$H_2O_2(aq) + 2I^-(aq) + 2H^+(aq) \longrightarrow I_2(aq) + 2H_2O(l) \quad (2-6)$$

式2-6反应由多个步骤构成，其中两个主要步骤是：

$$I^-(aq) + 3H_2O_2(aq) \longrightarrow IO_3^-(aq) + 3H_2O_2(l) \quad (2-7)$$

$$IO_3^-(aq) + 5I^-(aq) + 6H^+(aq) \longrightarrow 3I_2(aq) + 3H_2O(l) \quad (2-8)$$

已知反应2-7相比于反应2-8来说进行得十分缓慢，我们所研究的反应2-6的速率是怎样的?（学生思考：反应速率主要由哪个反应步骤决定。）该类型反应的名称是什么?（教师提示该类型反应名称简称AECD。）已知反应2-7的速率关于各反应物的级数都为1，给出反应速率 v 的表达式。我们设法使碘离子的浓度保持恒定。

这个方法的名称是什么? 通过引入反应平衡常数 k'，重新给出反应速率的表达式。我们通过测量不同时刻的双氧水的浓度，然后作图来验证这个表达式（包括反应级数），并得出平衡常数 k'的值。

为了使溶液中的碘离子的浓度保持恒定，加入硫代硫酸根离子 $S_2O_3^{2-}$，它可以通过如下反应减少碘单质的生成：

$$I_2(aq) + 2S_2O_3^{2-}(aq) \longrightarrow 2I^-(aq) + S_4O_6^{2-}(aq) \quad (2-9)$$

已知式 2－15 反应是滴定反应，那么这个反应的速率相比反应 2－8 的速率如何？溶液中的碘离子的浓度又有什么特点？

2.6.2.3 实验操作

在 $t=0$ 时，将反应物（双氧水溶液和含碘离子溶液）混合，再加入 n mol（n 已知）硫代硫酸根离子，当硫代硫酸根离子有剩余时，由反应（0）产生的碘单质一产生就会立即消失，使得溶液的外观不发生改变。当硫代硫酸根离子完全反应完之后，碘单质不会再因上述滴定反应而减少，使得溶液的颜色变成深黄色（只有碘单质时）。若溶液中有淀粉存在，那么溶液会变成蓝色。

在溶液刚刚出现颜色变化的时刻 t_1，我们再次加入 n mol 硫代硫酸根离子，碘单质会再次消失，溶液的深黄色（或蓝色）会褪去，我们测量深黄色（或蓝色）重新出现的时刻 t_2。

操作步骤如下。

（1）用吸量管、量筒和移液管，或移液枪取 10 mL 0.25 mol · L^{-1}的 KI 溶液，150 mL 的 0.1 mol · L^{-1}硫酸溶液和 2 mL 的 0.5% 淀粉溶液并混合于 250 mL 锥形瓶中，将锥形瓶放在磁力搅拌器上搅拌。

（2）准备一整滴定管浓度为 1 mol · L^{-1}的硫代硫酸钠（$Na_2S_2O_3$）溶液，在锥形瓶中加入 0.5 mL 该溶液（可使用移液枪）。

（3）在 $t=0$ 时，使用移液管从已经配好的双氧水溶液中移取 10 mL 双氧水溶液加入锥形瓶中，同时启动计时器。

（4）当溶液变成深蓝色时，记下时间 t_1，注意不要按停计时器，并再加入 0.5 mL 的硫代硫酸钠溶液。

（5）重复上述操作，直至记录下 t_{17}。

思考题

1. 使用表 2-4 记下各时间。

表 2-4　不同硫代硫酸钠加入量与反应的时间

V/mL	0.5	1	…
t/s	t_1	t_2	…

2. 作出［I_2］$-f(t)$ 图有意义吗？

3. 硫代硫酸根离子的消耗量和由主反应产生的碘单质的量之间有什么关系？硫代硫酸根离子的消耗量和双氧水溶液的消耗量之间有什么关系？

4. 用表格的形式给出溶液中双氧水的浓度与时间的关系。溶液的初始体积如何？为了简化计算，可以做哪些假设？

5. 作出可以明显验证反应级数的图［可以使用计算机软件辅助作图（如 Origin 软件）或使用毫米刻度纸作图］。

6. 我们假设对于反应物 H_2O_2 的级数是未知数 q，其中 V' 为 V 关于 t 的导数，c_1 为硫代硫酸钠的浓度，试证明：

$$\ln V' = q\ln([H_2O_2]) + \ln\left(\frac{2k}{c_1}\right) \quad （式 2-10）$$

注意事项：①器皿洁净，尤其是吸量管等，要专用；②加入过氧化氯后，反应即刻开始。

2.7　重结晶

2.7.1　重结晶

重结晶是提纯固体化合物最常用的方法。

固体有机物在溶剂中的溶解度与温度有密切关系，温度升高则溶解度增大。若把固体有机物溶解在热溶剂中且达到接近饱和，这种溶液冷却后，因溶解度的下降而变成过饱和状态，并析出结晶。利用某种溶剂对被提纯物质及杂质的溶解度不同，我们可以使被提纯物质从过饱和溶液中析出，而让杂质全部或大部分保留在溶液中，从而达到分离提纯的目的，这个过程叫重结晶。重结晶操作包含下列几个主要步骤：①将粗产品溶于热溶剂中（必要时进行脱色）；②趁热过滤除去不溶的物质；③热溶液冷却析出结晶；④抽气过滤，分离出晶体；⑤晶体的洗涤和干燥。以下分别讨论重结晶过程中的几个主要问题。

2.7.1.1 溶剂的选择

重结晶的成功与否关键在于选择合适的溶剂，它直接影响纯化效果。选择作为重结晶的溶剂最好具备下列条件：①不与被提纯物质发生化学变化；②它对被提纯的物质在温度较高时容易溶解，而温度较低时溶解很少；③对杂质的溶解度较小或几乎不溶；④能使被提纯物质析出较好的晶形；⑤便于晶体分离且容易挥发，沸点低于被提纯物的熔点；⑥廉价易得，无毒或低毒。

常用于重结晶的溶剂有水、甲醇、乙醇、异丙醇、丙酮、乙醚、石油醚、二氯甲烷、四氢呋喃、乙酸乙酯、二甲基甲酰胺（DMF），乙酸和苯类等。

选择溶剂时，必须考虑到被溶解物质的结构，根据“相似相溶”的一般原理，溶质往往易溶于结构与其相似的溶剂中，极性物质较易溶于极性溶剂，而难溶于非极性溶剂。例如，含羟基的物质，在大多数的情况下，能或多或少地溶解在水或乙醇中。当分子中的碳链增长时（如高级醇），在水中的溶解度显著降低，而相应地在醇或烃类溶剂中的溶解度则增大。

溶剂的选择可查阅由 Stephen 主编的手册《无机及有机化合物溶解度》（*Solubilities of Inorganic and Organic Compoumds*）。从

该书中可查到各种化合物在不同温度、不同溶剂中的溶解度。但在实际工作中，由于杂质因素的干扰，常需要通过实际试验选择溶剂。

假如未能找到某一合适的溶剂，可考虑选用混合溶剂。混合溶剂通常由两种互溶的溶剂组成，其中一种对被提纯物质的溶解度较大（称良性溶剂），而另一种的溶解度较小（称不良性溶剂）。常用的混合溶剂有水与乙醇、水与丙醇、乙醇与乙酸乙酯、苯与石油醚等。

2.7.1.2 固体物质的溶解

溶解固体常用锥形瓶或圆底烧瓶作容器。在使用可燃性溶剂或需要作较长时间的加热溶解操作时，应装上回流冷凝管，并根据使用溶剂的沸点选择合适的热浴，应强调指出的是，使用易燃溶剂时，禁止直接用明火加热。

操作时，将待纯化的固体样品放入烧瓶中，加入部分溶剂，加热至沸，若固体未全部溶解，再分批添加溶剂。每次加入溶剂后均需搅拌加热至沸，直至样品全部溶解（或几乎全部溶解）。有时尽管增大溶剂用量，而溶液中残留的固体量并不明显减少，这些固体可能是不溶性机械杂质，此时应停止加入过多的溶剂。为了便于趁热过滤，根据析出结晶的难易程度，还要多加 20%～50% 的溶剂将溶液稀释。溶剂用量在整个重结晶操作中甚为重要，溶剂用量太少，可能造成趁热过滤时过早地在滤纸上析出结晶；溶剂用量太多，则溶质遗留在母液中也多，会影响重结晶的收率。

用混合溶剂进行重结晶时，一般是先用适量的良性溶剂，加热将样品溶解，溶液若有颜色，则用活性炭脱色，并趁热过滤除去不溶物。所得滤液在加热至近沸的情况下慢慢滴加不良溶剂，至溶液出现混浊，且继续加热混浊也不消失，此时再小心滴加良性溶剂，直至溶液变成透明，在室温下放置结晶。如果已知两种溶剂在某一比例下适用于该样品的重结晶，且在趁热过滤时不易在滤纸上析出结晶者，也可直接使用预先配制好的混合溶剂，按单一溶剂的操作方法溶解固体。

2.7.1.3 脱色和趁热过滤

固体物质溶解后，溶液中可能残留一些难溶（或不溶）的杂质，必须趁热过滤分离除去。若溶液中含有色素和树脂状杂质，将会影响纯化效果，甚至妨碍结晶的析出。通常可加入吸附剂除去这些杂质。最常用的吸附剂有活性炭、氧化铝或活性白土。下面以活性炭为例，介绍用吸附剂脱色的一般操作方法。

活性炭是由含碳物质如木炭、糖炭或骨炭制成，脱色时，活性炭的用量应根据杂质含量而定。一般情况下，加入活性炭的量大约相当于被提纯固体质量的5%，有时还要多些，若一次脱色不彻底，可以重复操作进行多次脱色。但必须注意，活性炭除吸附杂质外，同时也会吸附产物，因而活性炭的加入量不能太多。

使用活性炭脱色时，必须等待热溶液稍冷后才加入活性炭。注意：不准将活性炭直接加入正在加热的溶液中，否则会引起暴沸冲溢，造成损失甚至引起火灾。加入活性炭后，将溶液煮沸5～10 min，然后趁热过滤，除去活性炭和不溶性杂质。当使用有机溶剂时，在进行趁热过滤操作之前应先熄灭附近的火源。

趁热过滤通常使用无颈漏斗和沟形滤纸（或称折叠滤纸）进行过滤操作。沟形滤纸的折叠方法如下。

取一张大小合适的圆滤纸（其半径比无颈漏斗的边长略小），对折成半圆形。按图2－3a把半圆朝同一方向折成四等分，其棱线位置见图2－3b，再将AB边与BF的凹面重叠对折，将BC边与BE的凹面重叠对折，AB与BE对折，BC与BF对折，则得到把半圆分成八等分的图2－3c。然后，再在这8个等分中的每一小份中间以相反的方向对折成16等分，结果得到像折扇一样的图2－3d，再在AB和BC的小分处向内折一小折纹。注意！由于圆心处折纹多，折叠时不要推压圆心，否则会使滤纸中心部分造成损伤，甚至磨损破裂。

用沟形滤纸进行过滤时，应先将折好的滤纸小心张开后反转，使折叠时与手接触可能受污染的一面向里，然后将此滤纸放入无颈漏斗中，并调整使沟形均匀分布。为了防止热过滤时在滤纸上析出结晶，使用前应预先把无颈漏斗放在烘箱中预热（不得直接用火烘烤）。过滤前先用少量热溶剂润湿滤纸，过滤完毕后可用少量热溶剂洗净烧瓶，并淋洗残留在滤纸上的少量结晶。如果滤纸上析出的结晶太多，应将滤纸和结晶一起重新放入锥形瓶中，加入适量溶剂加热溶解后，使用新的沟形滤纸重新进行热过滤。滤液的接收容器应使用锥形瓶。

经脱色和过滤之后，应得到清澈而透明的溶液。若在热过滤时接受瓶中有结晶析出，应在过滤完毕后加热滤出液使结晶复溶。

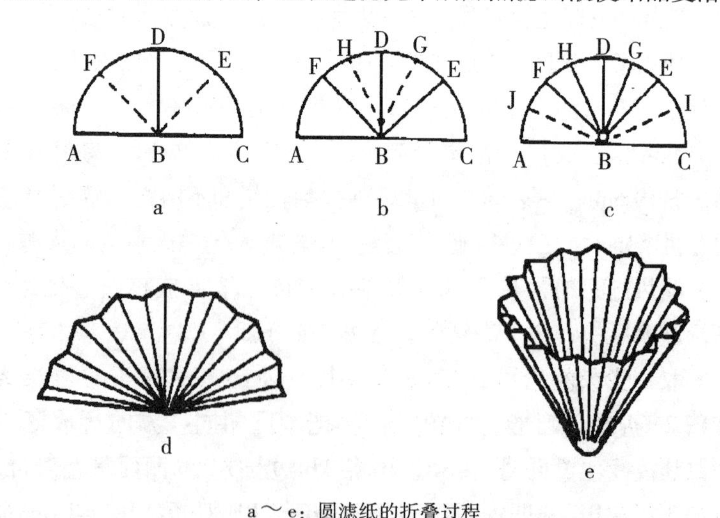

a～e：圆滤纸的折叠过程

图2－3　折叠式滤纸的折叠顺序

2.7.1.4 结晶的析出及滤集

将热过滤收集的滤液静置，使其慢慢地自然降温，即可析出均匀而洁净的晶体。当溶液的温度降至室温且已析出大量结晶后，可以进一步用冰水冷却，降低溶解度使更多的晶体从母液中离析出来。

有时过饱和的溶液不易析出结晶，这是由于溶液中难以形成结晶中心的缘故。为此，可用玻璃棒摩擦容器内壁或投入少量“晶种”（纯溶质的晶体），促使晶体析出。若遇结晶速度过于急速或直接成油状物析出时，应补充溶剂复溶，然后在缓慢降温的条件下析出结晶。

将晶体从母液中分离出来，通常是使用布氏漏斗进行抽气过滤（图2-4a），所用滤纸应较漏斗底部的直径略小。过滤前，先用少量同样的溶剂润湿滤纸，轻微抽气，使滤纸与漏斗底部贴紧。在抽气的情况下，通过刮铲把经挑松的晶体连同母液倾在布氏漏斗上，用少量滤液将粘附在容器壁上的结晶洗出，用不锈钢刮铲、玻璃塞或玻璃棒（钉）将结晶压干，尽量除去母液。

为了除去晶体表面吸附的母液，可用少量新鲜溶剂洗涤晶体。洗涤时应先将连接吸滤瓶的橡皮管拔开，关闭水泵，加上少量溶剂，用不锈钢刮铲轻轻挑松结晶（注意！不要损伤滤纸），使全部结晶刚好被溶剂润湿，重新接上抽气胶管，开启水泵把溶剂抽去。重复上述操作1～2次，即可把晶体洗涤干净。

过滤少量的晶体（0.5 g以下），可用玻璃钉漏斗抽滤装置如图2-4b所示。把玻璃钉放进漏斗后，在其上面放上一圆形滤纸，所用滤纸的直径应比玻璃钉的直径略大。用少量溶剂润湿滤纸后进行抽气，并用小刮铲压滤纸边沿使其紧贴在玻璃漏斗壁上。其他实验操作与使用布氏漏斗抽滤相同，洗涤晶体时一般用吸液管小心滴几滴溶剂即可。

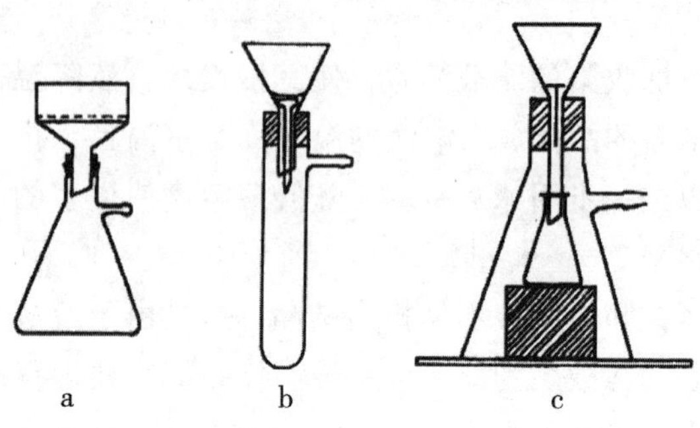

a. 布氏漏斗；b. 玻璃钉漏斗；c. 吸滤瓶改装的抽滤装置

图 2－4　抽滤装置

抽滤后的母液量较大时，用蒸馏法回收溶剂。若母液中溶解的物质尚有回收意义，可将母液适当浓缩后冷却，可得到第二批结晶，其纯度往往不及第一批，必要时再进行 1 次重结晶纯化。

重结晶一般只适合于提纯杂质含量在 5% 以下的固体化合物，若杂质含量太多时，就不能使用重结晶的方法进行分离提纯。

2.7.1.5　晶体的干燥

用重结晶法纯化后的晶体，其表面还吸附有少量溶剂，应根据所使用的溶剂及结晶的性质选择合适的方法进行干燥。常用的干燥方法有：空气晾干、加热（或红外线）烘干、干燥器（或真空恒温干燥器）干燥等。

2.7.1.6　少量物质的重结晶

少量物质重结晶的原理和上面所述相同，只不过由于处理的量少，所用仪器有所不同，操作方法稍有差别。另外，操作时要更加小心细致。

少量物质重结晶时，可按处理物质量的多少和溶剂的用量决定使用仪器的大小。

处理量较小时（10～100 mg），可用小锥瓶或小试管溶解结晶．用玻璃钉漏斗过滤，如图2－4b、图2－4c所示装置。图2－4c的抽滤装置为割去底部并把边磨平的吸滤瓶，用少量凡士林粘附在磨砂玻璃板上，也可用小的离心试管或尾部拉细的试管进行重结晶。结晶析出后，用离心机离心，让晶体沉在底部，用毛细管小心吸出上层母液。若还需进行第二次重结晶，可待上层液体吸干后，重新加入新鲜溶剂至试管中将晶体溶解，重复以上操作。重结晶结束后，用小刮铲把晶体铲出置于小表面皿中，然后放在干燥器中干燥。

2.7.2 萘的重结晶

2.7.2.1 目的要求

掌握重结晶的原理，学会重结晶操作。

2.7.2.2 原理

参阅2.7.1节重结晶。本实验所用的原料（乙酰苯胺及萘）采用粗的工业品，通过重结晶制成较纯的产物。根据两者性质的不同，选用不同的溶剂进行重结晶。乙酰苯胺在水中的溶解度随温度升降的变化较大，因此以水为溶剂进行重结晶。萘在水中的溶解度很小，在乙醇中的溶解度太大，两者均不适用，用乙醇和水组成的混合溶剂进行重结晶可得到较好的结果。

2.7.2.3 实验步骤

（1）乙酰苯胺的重结晶。

称取 4 g 工业乙酰苯胺，置于 250 mL 锥形瓶中，加入 100 mL水和 2 粒沸石，加热至沸，使乙酰苯胺完全溶解（注意是否有不溶性杂质）[(1)]。停止加热，待稍冷后加入 0.2 g 活性炭，再加热沸腾 50 min。

将无颈漏斗置于烘箱中预热，取出安放在铁环上，将折叠滤纸放入漏斗中，并用少量热水润湿。将上述溶液趁热迅速滤入另一锥形瓶中，每次倒入漏斗中的液体不要太满，也不要等溶液全部滤完后才加。等待过滤的液体要继续用小火加热，以防冷却而析出结晶。

过滤完毕，用表面皿将盛滤液的锥形瓶盖好，静置让其慢慢冷却，待冷至室温后[(2)]，用小布氏漏斗抽滤，以少量滤液洗出残留于锥形瓶内的结晶。用清洁玻璃塞或小不锈钢刮铲将结晶压实，尽量除去母液，至无滤液滴出为止，停止抽气，用 4 mL 水使结晶润湿，再次抽干。再用 4 mL 水洗 1 次，抽干，将此结晶转移到表面皿，烘干[(3)]。

结晶干燥后称量，计算重结晶的收率[(4)]。测熔点，并与未重结晶的粗品作比较。

（2）萘的重结晶。

称取 2 g 粗萘，放入 100 mL 圆底烧瓶中，加入 35 ～ 40 mL 70% 乙醇和 2 粒沸石，装上回流冷凝管，在水浴上（为什么?）加热至沸，使萘溶解。必要时用活性炭脱色。如确实需要，应先冷却后，再加入 0.02 ～ 0.05 g 活性炭，并加入 3 ～ 5 mL 70% 乙醇后，再煮沸 5 min。利用无颈漏斗和折叠滤纸趁热过滤（注意：过滤前要熄灭附近的火源，以免着火）以除去不溶性杂质，滤液用干燥的锥形瓶接收。瓶口用塞子塞住，注意结晶的析出及其形状。

待冷至室温后（最好再用冰水冷却），用小布氏漏斗抽滤，结晶用冷的 70% 乙醇洗涤 2 次，每次约 3 mL。结晶抽干后转移到表面皿，烘干(5)，称量，计算重结晶的收率，测熔点并与粗萘比较。

【注释】

(1) 见2.7.1节的“重结晶”。

(2) 不同温度下乙酰苯胺在水中的溶解度（表2-5）。

表2-5 不同温度下乙酰苯胺的溶解度

温度/℃	0	10	20	30	50	70	80	100
溶解度/ $g \cdot (100\ g\ 水)^{-1}$	0.36	0.44	0.56	0.73	1.32	1.67	3.45	5.5

(3) 乙酰苯胺会升华，烘干时要小心控制温度。

(4) 母液经浓缩后进一步冷却，可以得到第二批结晶。

(5) 萘会升华，烘干时要小心控制温度。

思考题

1. 简单叙述固体有机化合物重结晶操作的步骤以及每一步的目的何在？

2. 为什么从母液分离结晶不用普通过滤方法，而用布氏漏斗抽滤？

3. 为什么洗涤结晶操作时要停止抽气？

4. 活性炭为何要在固体完全溶解后才能加入？又为何不能加到正在沸腾的溶液中？

5. 若向萘的重结晶母液中加水，有大量白色沉淀析出，为什么？

6. 用有机溶剂重结晶时，哪些操作容易着火？应如何防范？

2.8 莫尔法测定可溶性氯化物中氯含量

2.8.1 实验目的

(1) 掌握莫尔法滴定的原理。
(2) 掌握 $AgNO_3$ 标准溶液的配制和标定。
(3) 掌握莫尔法中铬酸钾指示剂的使用。

2.8.2 实验原理

莫尔法是测定可溶性氯化物中氯含量常用的方法。此法是在中性或弱碱性溶液中，以 K_2CrO_4 为指示剂，用 $AgNO_3$ 标准溶液进行滴定。由于 AgCl 沉淀的溶解度比 Ag_2CrO_4 小，溶液中首先析出白色 AgCl 沉淀。当 AgCl 定量沉淀后，过量一滴 $AgNO_3$ 溶液即与 CrO_4^{2-} 生成砖红色 Ag_2CrO_4 沉淀，指示终点到达。主要反应如下：

$$Ag^+ + Cl^- = AgCl\downarrow (\text{白色}) \qquad K_{sp} = 1.8 \times 10^{-10} \tag{2-10}$$

$$2Ag^+ + CrO_4^{2-} = Ag_2CrO_4\downarrow (\text{砖红色}) \quad K_{sp} = 2.0 \times 10^{-12} \tag{2-11}$$

滴定必须在中性或弱碱性溶液中进行，最适宜 pH 范围在 6.5～10.5。

如果有铵盐存在，溶液的 pH 范围在 6.5～7.2。

指示剂的用量对滴定有影响，一般 K_2CrO_4 浓度以 5×10^{-3} $mol \cdot L^{-1}$为宜。

凡是能与 Ag^+生成难溶化合物或络合物的阴离子。如 PO_4^{3-}、AsO_4^{3-}、AsO_3^{3-}、S^{2-}、SO_3^{2-}、CO_3^{2-}、$C_2O_4^{2-}$ 等均干扰测定，其

中 H_2S 可加热煮沸除去，SO_3^{2-} 可用氧化成 SO_4^{2-} 的方法消除干扰。大量 Cu^{2+}、Ni^{2+}、Co^{2+} 等有色离子影响终点观察。凡能与指示剂 K_2CrO_4 生成难溶化合物的阳离子也干扰测定，如 Ba^{2+}、Pb^{2+} 等。Ba^{2+} 的干扰可加过量 Na_2SO_4 消除。Al^{3+}、Fe^{3+}、Bi^{3+}、Sn^{4+} 等高价金属离子在中性或弱碱性溶液中易水解产生沉淀，会干扰测定。

2.8.3 试剂

（1）NaCl 基准试剂：AR，在 500～600 ℃ 灼烧 30 min 后，于干燥器中冷却。

（2）$AgNO_3$：固体试剂（AR）。

（3）K_2CrO_4：5% 水溶液。

2.8.4 实验步骤

（1）0.1 mol · L $AgNO_3$ 标准溶液的配制与标定。

用天平称取 8.5 g $AgNO_3$ 于 50 mL 烧杯中，用适量不含 Cl^- 的蒸馏水溶解后，将溶液转入棕色瓶中，用水稀释至 500 mL，摇匀，在暗处避光保存。

准确称取 0.5～0.65 g NaCl 基准试剂于小烧杯中，用蒸馏水（不含 Cl^-）溶解后，定量转入 100 mL 容量瓶中，用水冲洗烧杯数次，一并转入容量瓶中，稀释至刻度，摇匀。准确移取 25.00 mL NaCl 标准溶液 3 份于 250 mL 锥形瓶中，加水（不含 Cl^-）25 mL，加 5% K_2CrO_4 溶液 1 mL，在不断用力摇动下，用 $AgNO_3$ 溶液滴定至从黄色变为淡红色混浊（砖红色）即为终点。根据 NaCl 标准溶液的浓度和 $AgNO_3$ 溶液的体积，计算 $AgNO_3$ 溶液的浓度及相对标准偏差。

（2）试样分析。

准确称取氯化物试样0.5～0.6 g于小烧杯中，加水溶解后，定量转入100 mL容量瓶中，用水冲洗烧杯数次，一并转入容量瓶中，稀释至刻度，摇匀。移取此溶液25.00 mL 3份于250 mL锥形瓶中，加水（不含 Cl^-）25 mL，5% K_2CrO_4 溶液1 mL，在不断用力摇动下，用 $AgNO_3$ 溶液滴定至溶液从黄色变为淡红色（砖红色）混浊即为终点。计算 Cl^- 含量及相对平均偏差。

（3）空白试验。

即取25.00 mL蒸馏水按上述2同样操作测定，计算时应扣除空白测定所耗 $AgNO_3$ 标准溶液之体积。

注意：含银废液应予以回收，且不能随意倒入水槽！

2.8.5　数据记录与处理（略）

（1）$AgNO_3$ 溶液的标定。

$$c_{AgNO_3} = \frac{m_{NaCl} \times 25.00}{M_{NaCl} \cdot V_{AgNO_3} \times 100.0} \quad （式2-11）$$

（2）试样中NaCl含量的测定。

$$NaCl^+ (\%) = \frac{(cV)_{AgNO_3} \times M_{NaCl}}{m_{NaCl} \times \frac{25.00}{100.00}} \times 100\% \quad （式2-12）$$

思考题

1. 莫尔法测 Cl^- 时，为什么溶液的pH需控制在6.5～10.5？

2. 以 K_2CrO_4 作为指示剂时，其浓度太大或太小对滴定结果有何影响？

3. 配制好的 $AgNO_3$ 溶液要贮于棕色瓶中，并置于暗处，为什么？

4. 空白测定有何意义？K_2CrO_4 溶液的浓度大小或用量多少对测定结果有何影响？

5. 能否用莫尔法以 NaCl 标准溶液直接滴定 Ag^+？为什么？

2.9　纯碱中总碱度的测定

2.9.1　实验目的

（1）掌握纯碱中总碱度的测定原理和方法。

（2）进一步巩固分析天平的使用和滴定分析基础操作。

2.9.2　实验原理

工业碳酸钠俗称纯碱或苏打，其中可能含有少量 NaCl、Na_2SO_4、NaOH 或 $NaHCO_3$ 等成分。用酸滴定时，除主要成分 $NaHCO_3$ 被中和外，其他碱性杂质如 NaOH 或 $NaHCO_3$ 等也被中和，所以称为总碱度的测定，其结果用 Na_2CO_3 或 Na_2O 的质量分数表示。对于纯碱这类试样，很难使其内部各成分分布均匀。所以，分析时称 1 份“大样”于容量瓶中配成一定浓度的试液，然后再用移液管分取几等份试液进行滴定。

以甲基橙为指示剂，用 HCl 标准溶液滴定至溶液由黄色变为橙色时（pH≈4.0），其反应可能包括：

$$Na_2CO_3 + 2HCl = 2NaCl + CO_2\uparrow + H_2O \quad (2-12)$$

$$NaOH + HCl = NaCl + H_2O \quad (2-13)$$

$$NaHCO_3 + HCl = NaCl + CO_2\uparrow + H_2O \quad (2-14)$$

上述方法简单快速，在不需要高准确度时可推荐此法。

也可以选用甲基红或者甲基红－溴甲酚绿混合指示剂，但滴定至红色时要停下来煮沸溶液以除去大部分CO_2，冷却后再滴定至红色为终点。

2.9.3 实验步骤

（1）0.1 $mol \cdot L^{-1}$ HCl 标准溶液的配制。

用10 mL量筒（或吸量管）量取6 $mol \cdot L^{-1}$ HCl 5.0 mL，倒入装有295 mL蒸馏水的500 mL试剂瓶中，摇匀。

（2）0.1 $mol \cdot L^{-1}$ HCl 标准溶液的标定。

a. 用硼砂标定。

准确称取1.6～2.2 g硼砂于100 mL烧杯中，加入约50 mL蒸馏水温热溶解，冷至室温后定量转移至100 mL容量瓶中，用蒸馏水稀释至刻度，摇匀。

用移液管移取10 mL溶液于250 mL锥形瓶中，加1～2滴甲基红指示剂（注释B），用待标定的HCl溶液滴定至溶液由黄色恰变为浅红色为终点。平行标定3份，计算HCl溶液的浓度和相对平均偏差。数据记录和结果表达如表2－6。

b. 无水碳酸钠标定。

准确称取无水碳酸钠0.45～0.61 g于100 mL烧杯中，加入约40 mL蒸馏水溶解，定量转移至100 mL容量瓶中，用蒸馏水稀释至刻度，摇匀。

用移液管移取10 mL溶液于250 mL锥形瓶中，加1～2滴甲基橙指示剂。用待标定的HCl溶液滴定至溶液由黄色变为橙色为终点（备注c）。平行标定3份，计算HCl溶液的浓度和相对平均偏差。数据记录和结果表达参考表2－6。

表 2 -6 用硼砂标定盐酸溶液

标定次数	1	2	3
$m_{硼砂}$/g*			
$V_{硼砂}$/mL	10.00	10.00	10.00
V_{HCl}/mL			
c_{HCl}/mol·L^{-1}**			
$\bar{c}_{HCl}$/mol·L^{-1}			
d/mol·L^{-1}			
相对平均偏差/%			

* 溶解后定容于 100 mL 容量中。

$$^{**}c_{HCl}=\frac{m_{硼砂}\times\frac{10}{100}\times 2\times 1000}{M_{硼砂}\times V_{HCl}}$$

（3）纯碱中总碱度的测定。

准确称取纯碱 0.53 ~ 0.95 g（为什么?）于 100 mL 烧杯中，加约 50 mL 蒸馏水溶解，定量转移入 100 mL 容量瓶中，用蒸馏水稀释至刻度，摇匀。

用移液管移取 10 mL 溶液于 250 mL 锥形瓶中，加甲基橙 1 滴，用 0.1 mol·L^{-1} HCl 标准溶液滴定至溶液由黄色变为橙色即为终点。平行测定 3 份，计算纯碱中总碱量，以 Na_2CO_3% 表示。数据记录和结果表达如表 2 -7。

在滴定结束后，务必将上述容量瓶倒空、洗净（学生思考：为什么）。

表2-7 总碱度的测定

测定次数	1	2	3
$m_{纯碱}$/g			
$V_{纯碱(总)}$/mL	100.00		
$V_{纯碱(分取)}$/mL	10.00	10.00	10.00
c_{HCl}/mol · L^{-1}			
V_{HCl}/mL			
总碱量/Na_2CO_3% *			
总减量平均值/Na_2CO_3%			
单次测定偏差/Na_2CO_3%			
相对平均偏差/%			

$$^{*}总碱量/Na_2CO_3\ (\%) = \frac{(cV)_{HCl} \times \frac{M_{Na_2CO_3}}{2}}{m_{纯碱} \times \frac{10}{100} \times 1000} \times 100\%$$

2.9.4 注意事项

(1) 尽量将量筒中盐酸洗干净，以免配制盐酸浓度过低。

(2) 指示剂用量要合适，滴体积较大时用1滴，滴体积较小时用2滴。因为甲基红用量太多时，终点便不是由黄变为微红，而是由黄变为橙红。

(3) 由于容易形成过饱和溶液，滴定过程中生成的 Na_2CO_3 慢慢地转变为 $NaHCO_3$，这样就使溶液的酸度稍稍增大，终点出现偏早。因此，应注意在滴定终点附近剧烈地摇动溶液。

思考题

1. 实验步骤中，“称取硼砂1.6～2.2 g”或“称取无水碳酸钠0.45～0.61 g”的依据是什么？

2. 硼砂保存不当（如放在有硅胶的干燥器中），失去部分结晶水，用来标定盐酸溶液对标定有何影响？

3. 无水碳酸钠吸湿之后，用来标定盐酸溶液，对标定结果影响如何？

4. 碳酸钠作为标定盐酸溶液的基准物质时，需要预先在270～300 ℃干燥，而本实验的纯碱试样却在180 ℃干燥，为什么？

5. 样品是混合碱（Na_2CO_3 + NaOH，Na_2CO_3 + $NaHCO_3$），如何测定各组分的含量？

2.10 乙酸乙酯的皂化

2.10.1 实验目的

（1）掌握由电导测乙酸乙酯皂化反应速率常数的方法。

（2）了解二级反应动力学规律及特征。

（3）掌握电导仪的使用方法。

（4）求不同温度下的皂化反应的 k，$t_{1/2}$和 Ea。

2.10.2 实验原理

（1）乙酸乙酯皂化反应是一个二级反应：

$$CH_3COOC_2H_5 + Na^+ + OH^- \longrightarrow CH_3COO^- + Na^+ + C_2H_5OH \qquad (2-15)$$

其速率方程式可表示为：

$$\frac{dx}{dt} = k(a-x)(b-x) \qquad (式2-13)$$

式中：x 为时间 t 时产物的浓度，a、b 分别为乙酸乙酯、氢氧化钠的初始浓度，k 为反应的速率常数。

若 A 和 B 两物质初始浓度相同，即 $a=b$，积分得：

$$k = \frac{1}{t} \cdot \frac{x}{a(a - x)} \quad \text{（式 2 - 14）}$$

以 $\frac{x}{a - x}$ 对 t 作图，若所得为一条直线，则证明是二级反应，并可以从直线的斜率求出 k。

（2）本实验用电导法测定的依据。

在稀溶液中，强电解质电导率与其浓度成正比，而且溶液总电导率等于组成溶液的各电解质电导率之和。

反应过程中，溶液中导电能力强的 OH^- 逐渐被导电能力弱的 CH_3COO^- 所取代，而 $CH_3COOC_2H_5$ 和 C_2H_5OH 不具有明显的导电性，故可通过反应体系电导的变化来度量反应进程。

则有：　　初始时溶液的电导率 $\kappa_0 = B_1 a$　　（式 2 - 15）

$t = \infty$（反应完毕）时溶液的电导率 $\kappa_\infty = B_2 a$（式 2 - 16）

时间 t 时溶液的总电导率 $\kappa_t = B_1(a - x) + B_2 x$

（式 2 - 17）

B_1、B_2 是与温度、电解质性质、溶剂等因素有关的比例常数；初始 κ_0，κ_t，κ_∞ 为初始时刻、t 时刻和反应完毕时溶液的电导率。由此三式可得：

$$x = \left(\frac{\kappa_0 - \kappa_t}{\kappa_0 - \kappa_\infty}\right) \cdot a \quad \text{（式 2 - 18）}$$

将其代入上面速率方程式得：

$$k = \frac{1}{at} \cdot \frac{\kappa_0 - \kappa_t}{\kappa_t - \kappa_\infty} \quad \text{（式 2 - 19）}$$

重新排列得：

$$\kappa_t = \frac{1}{ak} \cdot \frac{\kappa_0 - \kappa_t}{t} + \kappa_\infty \quad \text{（式 2 - 20）}$$

因此，通过实验测定不同时间溶液的电导率 κ_t 和起始溶液的电导率 κ_0，然后以 κ_t 对 $\frac{\kappa_0 - \kappa_t}{t}$ 作图为一直线即为二级反应，由直线的斜率即可求出反应速率常数 k，再由两个不同温度下测得的速度常数 k（T_1）、k（T_2），求出该反应的活化能。

不同温度下的速率常数 k（T_1）和 k（T_2），按阿仑尼乌斯公式可以计算出该反应的活化能 E_a：

$$Ea = R(\frac{T_2T_1}{T_2 - T_1})\ln\frac{k(T_2)}{k(T_1)} \qquad (式 2-21)$$

2.10.3 试剂与仪器

DDS－11AT 电导率仪 1 台（其外形见图 2－5）；恒温水浴锅 1 套；铂黑电导电极（260 型）1 支；移液管（10 mL 3 支，5 mL 1 支，1 mL 1 支）；容量瓶 50 mL 3 个，反应管 3 支，滴管 1 支；$CH_3COOC_2H_5$（AR）；NaOH 标准溶液（约 0.1 000 mol · L^{-1}）；二次蒸馏水。

2.10.4 实验步骤

（1）配制溶液。

0.5 mol · L^{-1} 乙酸乙酯乙醇溶液。在 50 mL 容量瓶中加入无水乙醇约 20 mL，用细吸管加入乙酸乙酯（预先计算好），用吸量管或移液枪准确量取，用乙醇定容，计算其浓度。

0.5 mol · L^{-1} NaOH 水溶液。配制与乙酸乙酯溶液浓度相同的 NaOH 水溶液 50 mL。

（2）仪器连接与调节。

a. 恒温水浴的调节。本实验测定两个温度下的速率常数，恒温水浴的温度分别调节至（25.0 ±0.2）℃、（35.0 ±0.2）℃。调温操作在温度控制器面板上，升温过程需注意温控器显示温度与水浴槽中温度计显示温度的差异，应以温度计读数为准。

b. 电导率仪的调节。电导率仪的校正：首先打开电导率仪电源开关，使其预热 5 min 左右，将电极插入蒸馏水中，将温度旋钮旋至室温读数，并检查常数旋钮刻线是否与该电极的电导池常数一致，旋转量程选择档至 $\times 10^3$ 档，将测量/校正按键按至校正一端，旋转调整旋钮，使指针指向满刻度处。

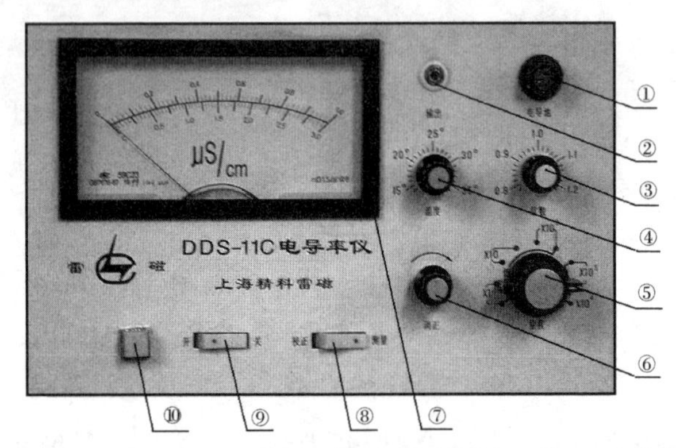

①：输出接口；②：电导3边接口；③：常数补偿旋钮；④：温度补偿旋钮；⑤：量程选择旋钮；⑥：调正旋钮；⑦：读数表盘；⑧：校正及测量选择按钮；⑨：开关；⑩：指示灯

图2-5　电导率仪外形及功能区

c. 电导率的测定。校正后，将电极从蒸馏水中取出，用滤纸吸干电极外表的水，将电极插入已经恒温好的溶液中，检查电极极板全部没入溶液中，将测量/校正按键按至测量一端，待指针稳定，读取数据。

(3) G_0/κ_0 的测定。

用移液枪准确移取5 mL配制好的NaOH溶液于50 mL比色管中，用纯水定容，然后置于恒温浴中恒温约5 min。电导仪置于测量挡量程最大挡，将电导电极放入比色管，仪表即示溶液电导值 G_0 或电导率 κ_0。

(4) G_t/κ_t 的测定。

分别移取一定量的NaOH溶液与 $CH_3COOC_2H_5$ 溶液于2支50 mL比色管中，用塞子塞好，放入恒温槽中恒温不少于5 min。

电导电极经蒸馏水洗涤，并用滤纸吸干，放入盛乙酸乙酯溶液的反应管中。恒温后，在加有 5.00 mL 乙酸乙酯比色管中移入 5.00 mL NaOH 溶液，并且快速用恒温水定容。在混合反应液的同时，启动记录仪（单击“开始”），间隔 30 s 记录一个数据，至 t_∞，G_t 基本不变。将反应温度提高约 10 ℃后，同上方法，再进行一次实验。

（5）数据记录及处理。

a. 根据文献值计算公式：

$$\lg k = -1780/T + 0.00754T + 4.53 \qquad (式 2-22)$$

讨论实验误差。

b. 由 2 个不同温度下得出的速率常数，计算乙酸乙酯反应的活化能。

2.10.5 注意事项

（1）蒸馏水应预先煮沸，冷却使用，以除去水中溶解的 CO_2 对 NaOH 的影响。

（2）测量溶液要现配现用，以免 $CH_3COOC_2H_5$ 挥发或水解，NaOH 吸收 CO_2。

（3）恒温过程一定加塞子，防止蒸发，影响浓度。

（4）在测量电导时，应从仪器的大量程开始，以选择一个合适的档位进行测量，这样既能测量准确又能保护仪器不被损坏。

（5）不能用滤纸擦拭电导电极的铂黑。

2.11 分光光度法（吸收光谱法）

2.11.1 实验目的

（1）学习分光光度测试方法。

（2）通过分光光度法对物质进行定性和定量分析。

2.11.2 原理和测量器材的介绍

（1）定义和基本法则。

当光线穿过透明有色的物质时，一部分的光强穿透物质，另一部分的光强被吸收（图 2－6）。被吸收的光强根据其在光谱中的辐射量的不同而有所不同。如果物质吸收一定区域的波长，此物质的颜色最终会显示出透射光的颜色，此颜色一般为吸收光的补偿色。

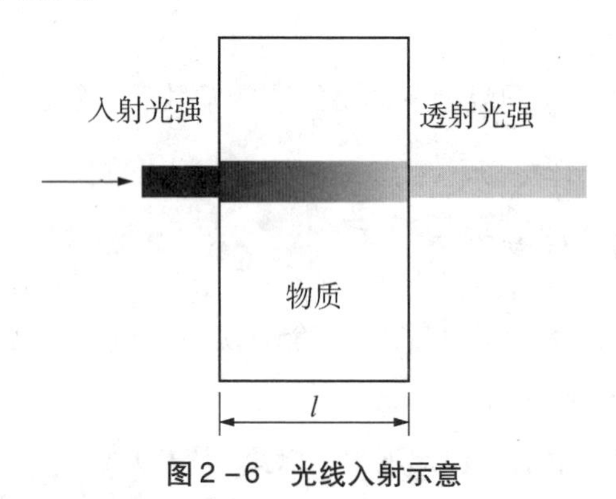

图 2－6 光线入射示意

（2）Beer－Lambert 定律。

当光通过一长为 l，物质的量浓度为 c 的有色物质时，透射光的光强 Is 小于入射光的光强 Ie（单位为 $W \cdot m^{-2}$）。

我们定义：

透射率 $T_{(\lambda)}$ 为：

$$T_{(\lambda)} = \frac{I_{s(\lambda)}}{I_{e(\lambda)}}, (T < 1) \qquad \text{（式 2－23）}$$

吸光度 $A_{(\lambda)}$ 为：

$$A_{(\lambda)} = \log\left[\frac{I_{e(\lambda)}}{I_{s(\lambda)}}\right], (A > 0) \qquad \text{（式 2－24）}$$

由 Beer - Lambert 律，我们有：

$$A_{(\lambda)} = \varepsilon_{(\lambda)} \cdot l \cdot c \qquad (式2-25)$$

其中 $\varepsilon_{(\lambda)}$ 为物质的摩尔吸收系数（或线性摩尔吸光度），与入射光波长、物质和溶剂的化学性质等因素有关，且受温度的影响。

$A_{(\lambda)}$ 为无量纲，因此 $\varepsilon_{(\lambda)}$ 的单位为（$m^{-1} \cdot mol^{-1}$）。

如果多种有色物质混合在同一种溶剂中，我们有物质吸光度的叠加性质：

当物质的量浓度不是很大的时候，我们会有：

$$A_{(\lambda)总} = \sum_{i} A_{i(\lambda)} = l \sum_{i} \varepsilon_{i(\lambda)} c_{i} \qquad (式2-26)$$

（3）分光光度计。

分光光度计可以将复杂成分的光，分解成光谱线，不同光源都有其特有的发射光谱，钨灯作为光源，其发出的不同波长的连续谱，经分离，转动光束，可使一定波长范围的光谱透射到细缝中，并按光路通过某种物质的溶液，透过的光的强度 I_S，可通过检测器测量，又已知 I_E，根据 Beer 定律，即可得出吸光度 A。

（4）调零。

我们研究的是在某一溶剂中的物质的吸光度，比色皿的壁面和溶剂也会吸收一部分的入射光。为了解决这个问题，我们设定一个“光学零位”，即空白：在测量之前，我们把一个装满溶剂（在此实验中，溶剂为水）的比色皿放入分光光度计，称之为“空白液”。我们设置此时的吸光度为 0（或者透射率为100%）。这样，当我们把待测的溶液放进分光光度计测量的时候，我们就可以忽略比色皿的和溶剂吸收的光强了。因为吸光度受波长的影响，所以每一次改变波长，我们都需要重新校正“光学零位”。

分光光度计的使用说明书上都有这些操作的介绍。

2.11.3 具体操作

（1）吸收光谱。

我们选用浓度为 4×10^{-4} mol·L^{-1}的高锰酸钾溶液进行测量。改变波长从400 nm到600 nm，间隔为20 nm测量1次，其中500～560 nm之间，间隔为10 nm。波长改变后，不要忘记每次测量之前要重新调零。

吸光度 A 对波长 λ 作图，标出吸光度最大时的波长 λ_0，λ_0 为紫光的波长（即溶液的颜色）吗？为什么？

（2）验证Beer－Lambert定律。

我们选定波长 λ = 530 nm为入射波长。为什么我们要选此波长呢？

基于所提供的0.04 mol·L^{-1}高锰酸钾溶液，使用移液枪制备。表2－8对应浓度的高锰酸钾溶液并测定每个浓度的吸光度A。

表2－8 不同浓度高锰酸钾溶液的吸光度

c（mol·L^{-1}）	4×10^{-4}	2×10^{-4}	1×10^{-4}	8×10^{-5}	4×10^{-5}
A（λ =530 nm）					

吸光度 A 对浓度 c 作图。图像验证Beer－Lambert定律了吗？

（3）分光光度法。

酚酞（A^-，胭脂红）可以在如下化学反应过程中缓慢地褪色，

$$A^- + HO^- \longrightarrow B^{2-} \quad (2-16)$$

理论上研究反应的正向与逆向进行情况：

$$A^- + HO^- \longrightarrow B^{2-} \quad (2-17)$$

$$B^{2-} \longrightarrow A^{-} + HO^{-} \qquad (2-18)$$

设正、逆向两个化学反应的速率分别为 k 和 k'。我们假设每一种反应物的量均为 1，见表 2－9（单位为 $mol \cdot L^{-1}$）。

表 2－9　反应进度

时间 t ＼ 每种物质的浓度	A^{-}	HO^{-}	B^{2-}
t＝0	a	b	0
t＝t	a－x	b－x	x

用 a、b 和 x 表示［B^{2-}］的生成速率。

当满足实验条件：$b \gg a$ 时，x 满足的微分方程是什么？

初始条件为 x（0）＝0，求 x（t）的表达式。

为了求出反应速率和验证反应的量，我们应该推导出什么样的关系式（方程）？

运用 Beer－Lambert 定律，证明：

$$(kb + k')t = \ln\left(\frac{A_o - A_\infty}{A_t - A_\infty}\right) \qquad （式 2-27）$$

（4）操作。

我们选定波长 $\lambda = 550$ nm。

a. 调零，以 0.05 $mol \cdot L^{-1}$（$A=0$）的 NaOH 溶液作空白液。

b. 用移液枪移取 5 mL 0.5 $mol \cdot L^{-1}$的 NaOH 溶液于 50 mL 比色管中，用纯水定容至刻度，加 0.5 mL 0.01 $mol \cdot L^{-1}$的酚酞溶液于该比色管中，迅速摇匀，开始分光光度测量。

c. 前 10 min，每间隔 1 min 测量 1 次吸光度，t＝10 min 开始，每 10 min 测量 1 次，至 t_∞＝50 min，结束。

d. 吸光度 A 对 t 作图，并且推导出 A_0 的值。

e. $\ln\left(\frac{A_o - A_\infty}{A_t - A_\infty}\right)$ 对 t 作图。由线性回归，推导出斜率（$kb + k'$）。

f. 已知：

$$x_\infty = 1 - \frac{A_\infty}{A_o} = \frac{kb}{kb + k'} \qquad \text{（式 2－28）}$$

求出 kb、k' 和 k 的值（忽略溶剂）。并请标明 k 和 k' 的单位。

2.12　叔丁基氯的水解

2.12.1　实验目的

学习通过电导率的测定，监测导电离子浓度的变化，从而了解叔丁基氯水解这类反应特点的方法。

2.12.2　实验原理

反应方程式：

$$R-Cl + 2H_2O = R-OH + H_3^+O + Cl^- \qquad (2-19)$$

$$\begin{array}{c} CH_3 \\ | \\ H_3C - C - Cl \\ | \\ CH_3 \end{array}$$

叔丁基氯 R－Cl 初始的量：8.65×10^{-5} mol；水的初始的量：有 4.4 mol。不难发现，相对于叔丁基氯 R－Cl，水是过量的。

定量反应的进度如表 2－10 所示。

表2-10 反应进度

物质的量/mol	$R-Cl$	$+ 2H_2O$ ═══	$R-OH$	$+ H_3O^+$	$+ Cl^-$
初始态	8.65×10^{-5}	4.4	0	≈0	0
任意 t 时刻	$8.65\times10^{-5}-x$	$4.4-x$	x	x	x
$t=\infty$ 时刻 $x=x_{max}$	$8.65\times10^{-5}-x_{max}\approx0$	$4.4-x_{max}\approx4.4$	$x_{max}=8.65\times10^{-5}$	$x_{max}=8.65\times10^{-5}$	$x_{max}=8.65\times10^{-5}$

整个溶液的体积约为 $V_{sol}=82\ mL=82\times10^{-6}\ m^3$，此时不考虑偏摩尔体积。

时刻 t 时溶液的电导率：

$$\sigma_t=[H_3^+O]_t\lambda^\circ_{H_3^+O}+[Cl^-]_t\lambda^\circ_{Cl^-}=y(\lambda^\circ_{H_3^+O}+\lambda^\circ Cl^-) \qquad (式2-29)$$

$$y=\frac{x}{V_{sol}} \qquad (式2-30)$$

$t=\infty$ 时的离子浓度：

$$y_{max}=[H_3^+O]_{max}=[Cl^-]_{max}=\frac{x_{max}}{V_{sol}} \qquad (式2-31)$$

2.12.3 操作

（1）已知：$\lambda^\circ_{H_3O^+}=0.035\ S\cdot m^2\cdot mol^{-1}$ 和 $\lambda^\circ_{Cl}=0.0076\ S\cdot m^2\cdot mol^{-1}$（离子的摩尔电导率），请推导出 $\sigma_{(t=\infty)}$ 的理论值。

（2）按照反应进度表，定量反应过程中，测试不同 t 时刻的电导率，并观察随时间变化趋势；测试 $t=\infty$ 时的电导率值，与（1）中理论计算值是否吻合，为什么？

2.13 水样中的溶解氧测定

2.13.1 实验目的

掌握水样中溶解氧的一种基于氧化还原滴定的测试方法和

原理，并比较其特点和适用范围。

2.13.2 方法原理

水样中溶解氧与氯化锰和氢氧化钠反应，生成高价锰（棕色沉淀）：

$$MnCl_2 + 2NaOH = Mn(OH)_2\downarrow + 2NaCl \quad (2-20)$$

$$2Mn(OH)_2 + O_2 = 2H_2MnO_3\downarrow \quad (2-21)$$

$$H_2MnO_3 + Mn(OH)_2 = Mn_2O_3(\text{棕色沉淀})\downarrow + 2H_2O \quad (2-22)$$

加酸溶解后，在碘离子存在下即释出与溶解氧含量相当的游离碘。

$$Mn_2O_3 + 6H^+ = Mn^{2+} + Mn^{4+} + 3H_2O \quad (2-23)$$

$$Mn^{4+} + 2I^- = Mn^{2+} + I_2 \quad (2-24)$$

然后以淀粉做指示剂，用硫代硫酸钠标准溶液滴定游离碘，最后换算成溶解氧的含量（碘量法）。

$$I_2 + 2Na_2S_2O_3 = 2NaI + Na_2S_4O_6 \quad (2-25)$$

该法适用于大洋和近岸海水及河水、河口水溶解氧的测定。

2.13.3 试剂及其配制

（1）常规试剂：硫酸溶液，化学纯碘化钾（KI）。

（2）氯化锰溶液。称取 210 g 氯化锰（$MnCl_2 \cdot 4H_2O$），溶于水，并稀释至 500 mL。

（3）碱性碘化钾溶液。称取 250 g 氢氧化钠（NaOH），在搅拌下溶于 250 mL 水中，冷却后，加入 75 g 碘化钾（CP），稀释至 500 mL，盛于具橡皮塞的棕色试剂瓶中。

（4）淀粉溶液（5 g/L）。称取 1 g 可溶性淀粉，用少量水搅成糊状，加入 100 mL 煮沸的水，混匀，继续煮至透明。稀释至

200 mL，盛于试剂瓶中。

（5）碘酸钾标准溶液［$c_{(1/6KIO_3)}$ = 0.0 100 mol·L^{-1}］。将优级纯碘酸钾预先在120 ℃烘2 h，置于硅胶干燥器中冷却备用。称取3.567 g该纯碘酸钾（KIO_3），溶于水中，全量移入1 000 mL量瓶中，加水混匀，定容至标线。置于冷暗处，有效期为一个月。使用时量取10.00 mL加水稀释至100 mL。

（6）硫代硫酸钠溶液（0.01 mol·L^{-1}）配制及标定。

配制。称取25 g五水合硫代硫酸钠（$Na_2S_2O_3 \cdot 5H_2O$），用刚煮沸冷却的水溶解，加入约2 g碳酸钠，移入棕色试剂瓶中，稀释至10 L，混匀。置于阴凉处。

标定。移取10.00 mL碘酸钾标准溶液，沿壁流入碘量瓶中，用少量水冲洗瓶壁，加入0.5 g碘化钾，沿壁注入1.0 mL（1 +3）硫酸溶液，塞好瓶塞，轻荡混匀，加少许水封口，在暗处放置2 min。轻轻旋开瓶塞，沿壁加入50 mL水，在不断振摇下，用硫代硫酸钠溶液滴定至溶液呈淡黄色，加入1 mL淀粉溶液，继续滴定至溶液蓝色刚褪去为止。重复标定，至两次滴定读数差小于0.05 mL为止。计算硫代硫酸钠标准溶液 c mol·L^{-1}。

2.13.4　仪器及设备

250 mL棕色磨口玻璃瓶（盛装水样。要求瓶塞为锥形，磨口要严密，容积须经校正）。

长12 cm，直径为5～6 mm的玻璃管；长20～30 cm，直径为5～6 mm的乳胶管；25 mL滴定管；250 mL锥形瓶和碘量瓶；500 mL棕色试剂瓶；实验室常备仪器和设备。

2.13.5　分析步骤

（1）水样的固定。

打开水样瓶塞，立即依序定量注入 1.0 mL 氯化锰溶液和 1.0 mL 碱性碘化钾溶液（移液管尖插入液面），塞紧瓶塞（瓶内不准有气泡），按住瓶盖将瓶上下翻转不少于 20 次。

（2）测定步骤。

a. 水样固定后约 1 h 或沉淀完全后，便可进行滴定。

b. 将水样瓶上层清液倒入 250 mL 锥形烧瓶中，立即向水样瓶加入 1.0 mol · L^{-1}（1 + 1）硫酸溶液，塞紧瓶塞，振荡水样瓶至沉淀全部溶解。

c. 将水样瓶内溶液全部倒入锥形烧瓶中，用已标定的硫代硫酸钠溶液滴定。

d. 待试液呈淡黄色时，加 1 mL 淀粉溶液，继续滴定至蓝色刚刚退去。用锥形烧瓶中的少量试液荡洗原水样瓶，再将其倒回锥形烧瓶中，继续滴定至无色。待 20 s 后，如试液不呈淡蓝色，即为终点。记录消耗的硫代硫酸钠溶液体积记 V。

（3）水样中溶解氧浓度 ρ_{O_2} 下式计算（单位，mg/L）：

$$\rho_{O_2} = \frac{c \times V \times 32}{V_0 \times 4} \times 1\ 000 \qquad (式 2-32)$$

式中，c，硫代硫酸钠溶液的浓度（mol · L^{-1}）；V，硫代硫酸钠溶液滴定体积（mL）；V_0，滴定用的实际水样体积（水样瓶的容积 - 固定水样的固定剂体积，mL）。

（4）溶解氧饱和度（%）计算：

$$饱和度(\%) = \rho_{O_2}/\rho^{\circ}{}_{O_2'} \times 100 \qquad (式 2-33)$$

式中，ρ_{O_2}，测得的含氧量（mg/L）；$\rho^{\circ}{}_{O_2}$，在相同水温和盐度下，氧在海水中的饱和浓度（mg/L）。

2.13.6 注意事项

（1）除非另有说明，本方法所用试剂均为分析纯，水为蒸馏水或等效纯水。

（2）溶解氧样品瓶均应进行容积校正。方法：将水样瓶装满蒸馏水，塞上瓶塞、擦干，称重。减去干燥的空瓶重量，除以该水温时蒸馏水的密度，测得水样瓶容积。将瓶号及相应的水样瓶容积测量结果记录，备查。

（3）滴定临近终点，速度不宜太慢，否则终点变色不敏锐。如终点前溶液显紫红色，表示淀粉溶液变质，应重新配制。

水样中含有氧化性物质可以析出碘产生正干扰，含有还原性物质消耗碘产生负干扰。

2.14 分光光度测定技术跟踪已知反应的动力学

2.14.1 实验目的

通过分光光度测定技术跟踪已知反应的动力学。

2.14.2 原理

分光光度的测试原理已在2.11节阐述，本节再简述如下。

2.14.2.1 基本定义

当光通过一个有色透明材料时，有一部分光透过，可能有一部分被反射，剩下的是根据光强度不同而被吸收不同量的光。某种物质只会在一个小的波长范围内发生吸收，它的颜色由透过的光决定，与其颜色互补的颜色区域就会被吸收。如图2－7，互补色为该图中相对的颜色。

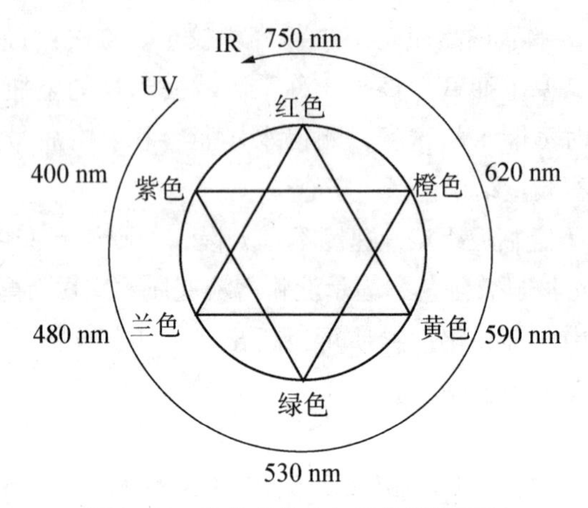

图2－7　材料吸收光与互补颜色示意

2.14.2.2　Beer－Lambert 定律

用光强为 I_e（W · m^{-2}）的光照射浓度为 c，长度为 l 某物质的有色溶液时，穿过之后的光强为 I_S，则 $I_S < I_e$。

透过率为：

$$T_{(\lambda)} = \frac{I_{S(\lambda)}}{I_{e(\lambda)}} (T < 1) \qquad (式2-34)$$

Beer－Lambert 定律示意见图2－8。

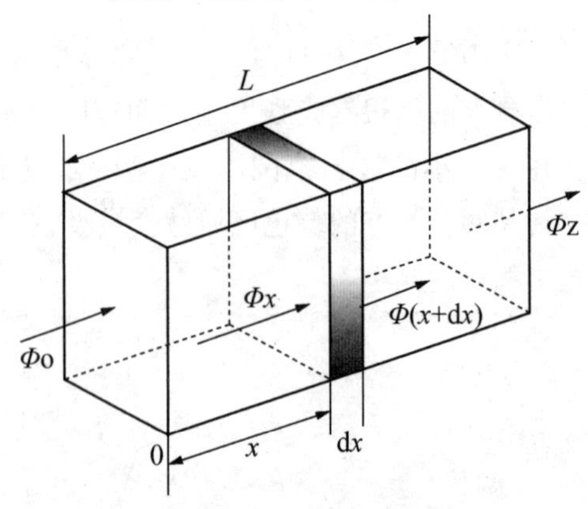

图2－8　Beer－Lambert 定律示意

吸光度为:

$$A(\lambda) = \log\left[\frac{I_s(\lambda)}{I_e(\lambda)}\right], (A < 1) \qquad (式2-35)$$

根据 Beer – Lambert 定律有:

$$A(\lambda) = \sum(\lambda) \cdot l \cdot c \qquad (式2-36)$$

其中 ε (λ) 为吸光系数，与溶液的本性、温度以及波长等因素有关。A (λ) 是无量纲的量，故 ε (λ) 量纲为 $m^2 \cdot mol^{-1}$。

Beer – Lambert 定律的基础知识详见 2. 11 节。

2. 14. 2. 3　分光光度计的简单说明

分光光度计光路示意见图 2 – 9。

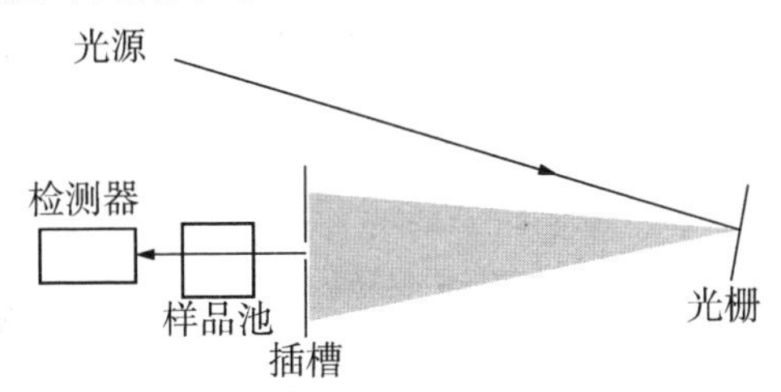

图2 –9　分光光度计光路插槽示意

钨灯光源发出光通过分光设备分成不同波长的光。通过右边的旋转装置，改变进入狭槽的波带范围获得不同 λ 的光。通过检测器检测出透过样品池的光强 I_S，已知 I_e，吸光度 A 就能算出来了。

2. 14. 2. 4　设置“吸收零点”

溶液吸光度由这几部分贡献：检测物质 X、溶剂 S 和比色皿 K，因此，测出溶液吸光度 A 应该是:

$$A = A_X(\lambda) + A_S(\lambda) + A_K(\lambda) \qquad (式2-37)$$

这里的 $A_X(\lambda)$、$A_S(\lambda)$、$A_K(\lambda)$ 分别是 X、S、K 对波长为 λ

光的吸光度。由此看出，吸光度不是单独来自 X，因为溶剂和比色皿对吸收也有贡献。所以要测出 $A_{X(\lambda)}$ ，必须减去溶剂和比色皿的吸光度值。

实验实现方法：准备一种含有 X 的待测溶液和一种不含 X 的“参比溶液”，装入相同的比色皿中。设置 λ 波长，用分光光度计测出参比溶液的吸光度 $A_{S(\lambda)}+A_{R(\lambda)}$ ，将仪器转为测定参比溶液的吸光度时的电位值设置为 0。这样测试待测溶液吸光度 A 就是 X 的吸光度 $A_{X(\lambda)}$ 。因为，溶剂和比色皿对不同波长的光吸收不同，所以波长每次改变都要进行“吸收零点”设置。

2. 14. 3　实验操作

（1）绘制 $A_{(\lambda)}$ 吸收曲线图。采用 0. 01 $g \cdot L^{-1}$ 的溶液，使用 400 ～700 nm 范围（间隔 20 nm，其中 580 ～610 nm 范围间隔 10 nm）波长的系列 λ 测其相应吸光度 $A_{(\lambda)}$ 。由于波长是改变的，不要忘记每次改变波长后都要设置“吸收零点”。

画出 $A_{(\lambda)}$ 吸收曲线，通过曲线找出最大吸收处对应的波长 λ_0。相应的也就是溶液的颜色（学生思考：为什么）。

（2）验证 Beer – Lambert 定律。

a. 选择波长 $\lambda = \lambda_0$ nm，为什么？

b. 分别测量 0. 01 g/L、0. 005 g/L 和 0. 0 025 g/L 的溶液的吸光度，第四个浓度可自己决定，从 50 mL 容量瓶中取出 5 mL 的 0. 001 g/L 的溶液。注意：测量吸光度时，总是要用相同的比色皿，做完一次试验后，倒空比色皿，用接下来需要测试的溶液洗涤比色皿，然后装上该溶液测试。

c. 把吸光度 A 对浓度 c 作图，验证 Beer – Lambert 定律。

d. 已知比色皿厚度为 1 cm，推算出吸光系数值，与波长 592 nm 时文献值 $\varepsilon = 101\ 270\ L \cdot mol^{-1} \cdot cm^{-1}$ 比较。结论如何？

(3) 分光光度法研究动力学。

本实验目的是研究结晶紫（crystal violet，CV）的分解动力学。CV 是用在紫色墨油的一种染料，结构式如图 2 - 10。

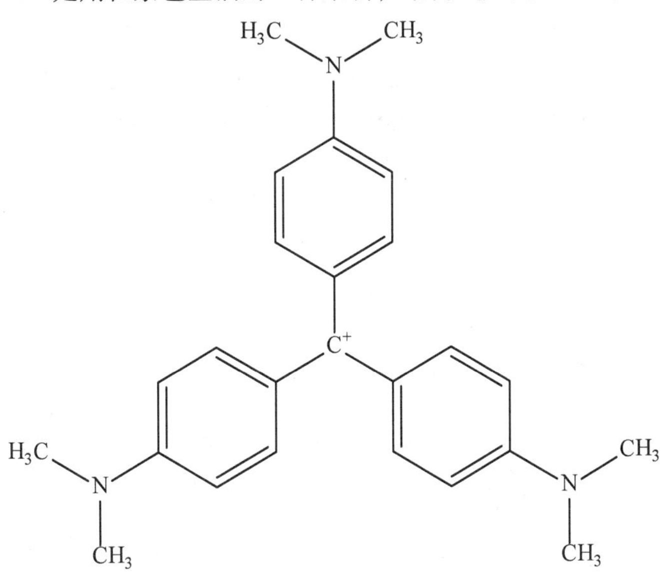

图 2 - 10 Crystal violet（结晶紫）结构式

反应方程式：

$$CV + HO^- \longrightarrow A + B + etc \qquad (2-26)$$

CV 的吸收十分明显，其浓度可以用分光光度法检测。已知，$[HO^-] \gg [CV]$，k_{app}表示速率常数，CV 的摩尔质量为 407.5 g/mol。

动力学研究：假设体系中只有 CV 在可见光区有吸收，则可据此判断：如果分解反应偏向于 0 级反应，则 $A = f(t)$ 是 1 条直线；

如果分解反应偏向于 1 级反应，则 $\ln A = f(t)$ 是 1 条直线；

如果分解反应偏向于 2 级反应，则 $1/A = f(t)$ 是 1 条直线。

具体操作：

a. 选用最大吸收波长，

b. 用装有蒸馏水比色皿调节光吸收零点。都需此操作，否则影响结果。

c. 用移液管取 10 mL 的 10 mg/L 的 CV 到 1 个烧杯中，放入磁子开启搅拌。在另外烧杯中加入 5 mL 蒸馏水和 5 mL 的 $0.1\ mol\cdot L^{-1}$ 的 NaOH 溶液，搅匀。

d. 碱溶液倒入第一个烧杯中，同时启动计时器。快速测量 $t=0$ 时的吸光度。之后每隔 30 s 测 1 次吸光度，直到出现吸光度 $A<0.1$（约 10 min 后），再测量 13 min 和 16 min 时的吸光度。

思考题

根据 0、1、2 三份溶液的测试数据，分别思考下述问题。

1. 绘制曲线 $A=f(t)$、$\ln A=f(t)$ 和 $1/A=f(t)$。

2. 根据上述结果，推导分解反应的级数是 0 级，1 级还是 2 级？

3. 推导半反应时间。

4. 画出 $\ln(v)=f(m[CV])$ 的图像，可以进一步得出什么信息？

3　溶液化学、电化学实验

3.1　基于循环伏安法的电化学实验

3.1.1　实验目的

（1）学习线性扫描、循环伏安技术。

（2）了解电化学工作站和旋转圆盘电极的原理与应用。

（3）通过绘制无机、有机不同体系的电化学体系的伏安曲线，研究电化学反应的特征。

3.1.2　实验原理

3.1.1.1　简介

通过测量电解槽两端的电流随电压的变化，我们可以知道一个电化学反应的基本特征。循环伏安的目的就是通过实验的方法获得电极的电压和电流之间的关系，绘制伏安图像。通过施加不同的电压在电极上，观察到不同的电化学反应出现，但必须在电解池中引入辅助电极形成三电极系统，辅助电极与工作电极组成一个电位监测回路。

对于一个给定的反应，伏安响应的曲线形状取决于电活性物质在溶液的扩散运输（图 3－1 和图 3－2）。稳态对流状态对应方法被称为流体动力学伏安法。纯扩散状态（没有对流）的对应方法是循环伏安法。

流体动力学伏安法和循环伏安法是两种基于非平衡态下动态微电解测量的分析方法。这些方法可以通过测定电活性物质的性质和浓度来跟踪化学反应，测定动力学参数，研究反应机理（突出反应中间体）或者得出库伦定量分析的条件。

从实用的角度来看，循环伏安法（来回扫描电压：从阳极方向逆转向阴极方向，反之亦然）有以下特征。

（1）使用一个固定的指示电极和静止的溶液体系（无对流：非流体动力学）。

（2）宽范围的扫描速度（$v \gg 10$ mV/s 时），高达每秒几千伏。

这是一种重要的电化学方法，能够帮助我们阐明电荷转移和化学反应耦合机制。

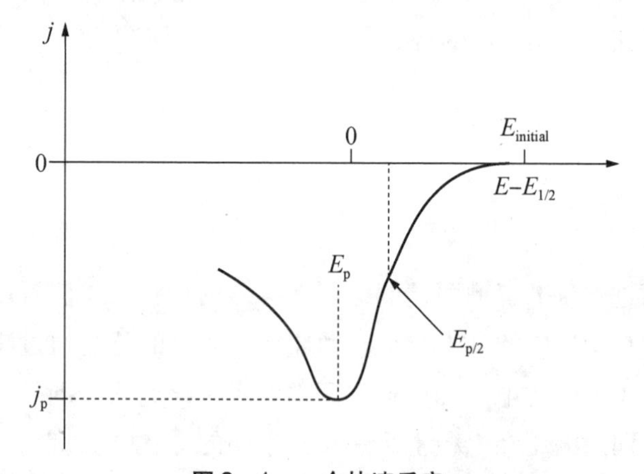

图 3－1　一个快速反应：

$O_x + ne^- \rightarrow Red$ 的理论的电流－电位曲线

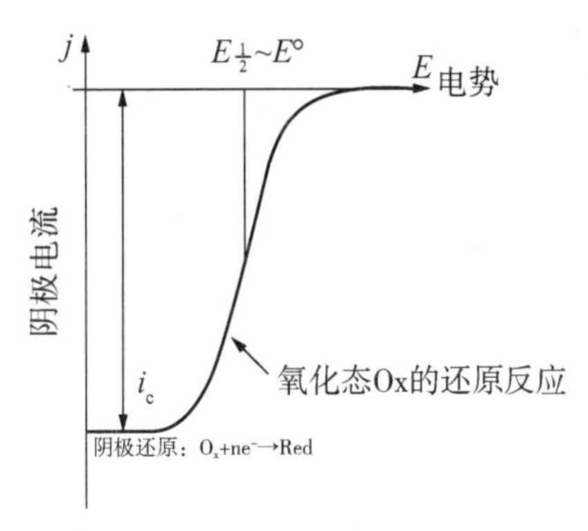

图 3－2　一个还原反应在对流扩散稳态的电流－电势曲线

循环伏安（CV）的激励信号的形式通常是一个等腰三角形（图 3－3）；在一个快速系统的情况下，该信号的响应：$I=f(E)$，如图 3－1 所示，快速反应的半周期扫描是代表着还原反应（向外扫描）的情况，随着扫描的进行，电流密度下降是由于扩散速度随着时间而减慢。

是一个对于快速系统和一个半周期扫描（向外扫描）的还原反应的情况。电流密度下降是由于在自然反应时，扩散速度随着时间减慢。在可变的电位下，当扫描伏安图时，我们首先观察到在电化学反应开始进行时电位的增长，对应加速过程中，过电位的增加。然后观察到电位的下降，这是由于扩散减慢导致的。

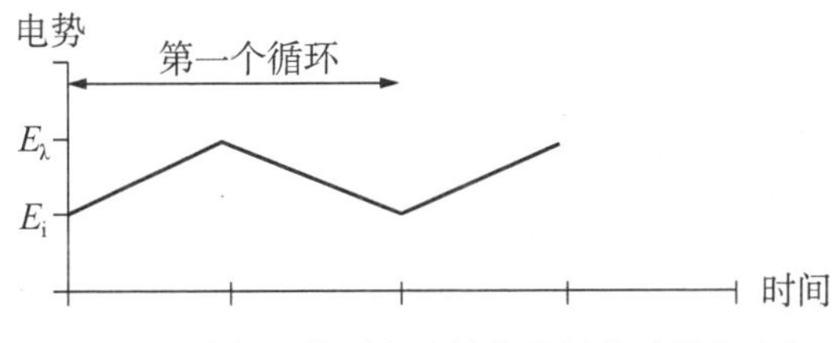

图 3－3　自然扩散过程中的电压随着时间的改变

CV 的原理是基于这样的事实：在电位扫描结束之后，扫描返回到初始电位，这样是为了描述一个循环的电位变化。

图3－4 是电流随时间的变化；图3－5 是一个完整的伏安循环。

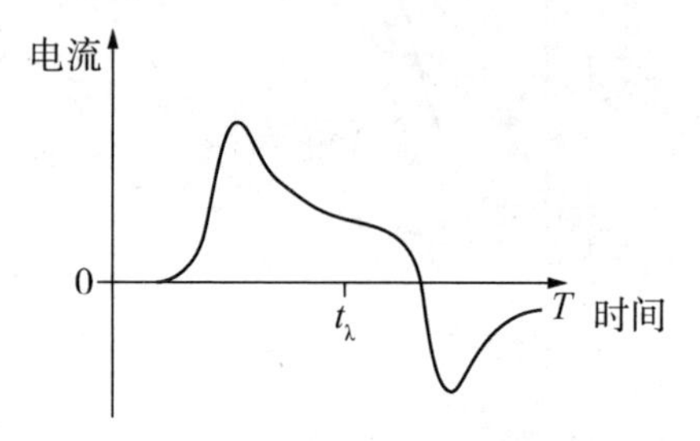

图3－4　在纯扩散状态下电流随时间的变化

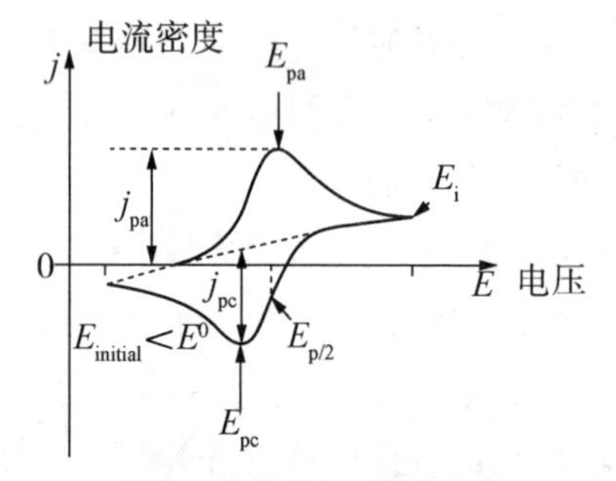

图3－5　一个快速系统在纯扩散状态下的伏安曲线

3.1.1.2　理论知识回顾

（1）系统速率。

图3－6 为电化学反应 Red－ne$^-$⟶Ox 的纯扩散状态的伏安图。

对于所考虑的每个化学反应（快速反应，准快反应或者慢反应），我们都可以确定使用 CV 的方法进行研究的标准。

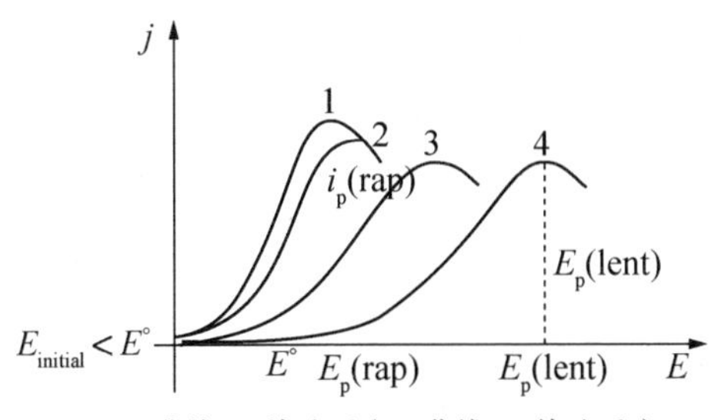

图3-6 纯扩散状态下的 Red - ne⁻ ⟶ Ox 反应

a. 快速系统（可逆反应）。

电化学可逆系统具有以下特点：

（a）阳极和阴极峰电位相差 58/n mV（25 ℃）。在不考虑吸收等现象时，它们峰电流强度相等的。

（b）峰值的强度与扫描速率的平方根成正比：

$$Ip = (2.69 \times 10^5)\ n^{3/2}\ SD^{1/2}cv^{1/2} \qquad （式3-1）$$

式3-1为Randles-Sevcik公式，电流电位为安培，面积 S 单位为 cm^2，D 单位：cm^2/s，c 单位为 mol/cm^3，扫描速度单位为：V/s。

（c）阳极和阴极峰的位置与扫描速度无关。

（d）条件电位的值由下列关系式估算得到：

$$E^\circ = (Epa + Epc)/2 \qquad （式2-2）$$

b. 慢速系统。

当不可逆性是由于缓慢的电子转移（相对于扫描速度）引起，不能应用上述方程。

（a）峰值间差距大于 58/n mV 是这种类型的系统的特征。

（b）阴极峰与阳极峰的峰电位与扫描速度 v 有关。

（c）峰电流与扫描速度的平方根成正比。

（d）阴极峰与阳极峰的峰电流比值不为1。

c. 准可逆反应。

该类型的系统要满足以下特征。

（a）峰电流 jp 随扫速增加而增加，但不与扫速的平方根成正比。

（b）jpa/jpc = 1 且 $\alpha = 0.5$。

（c）Epc 随 v 增加而负向移动。

（d）ΔEpc = Epa − Epc 随 v 增加而变得大于 58/n mV。

（2）反应机理研究。

绝大多数的电化学反应可以分解成一系列的简单的反应，如电子转移可逆 Er 或不可逆 Ei，或可逆的化学反应 Cr 或不可逆的化学反应 Ci。峰电流强度与半峰电位随扫描速度变化量的比值可用于诊断不同的机制。

主要的电化学机制如下。

（Ⅰ）Er　$OX + ne \rightleftharpoons R$

（Ⅱ）ErCr　$OX + ne \rightleftharpoons R$　且 $R \rightleftharpoons Z$

（Ⅲ）ErCi　$OX + ne \rightleftharpoons R$　且 $R \longrightarrow Z$

（Ⅳ）CrEr　$OX + ne \rightleftharpoons R$　且 $Z \rightleftharpoons OX$

（Ⅴ）CrEi　$OX + ne \longrightarrow R$　且 $Z \rightleftharpoons OX$

（Ⅵ）ECE　$OX + ne \rightleftharpoons R$

$R \rightleftharpoons Y$

$Y + ne \rightleftharpoons Z$

为了阐明电子交换机制和耦合化学反应，一些应用 CV 技术的伏安图特性列于表 3－1 至表 3－4 中。

表 3－1　CE 的反应机制

1. 当 ν 增加时，$I_p^C/\nu^{1/2}$ 降低。
2. $\vert I_p^A \vert / \vert I_p^C \vert$ 随着 ν 增加，并且值总是大于等于 1

表3－2　EC的反应机制

1. $\lvert I_p^A \rvert / \lvert I_p^C \rvert$ 小于1，但是当 ν 增加时，其值接近1。
2. 当 ν 增加时，$I_p^C/\nu^{1/2}$ 微降。
3. E_p^C 值要大于在可逆情况下的值。
4. 当 ν 增加时 E_p^C 值负增长，并且在纯动力学领域，ν 每增加一个10的倍数，E_p^C 值变化30/n mV（但是对于二级反应，只有19/n mV）

表3－3　ECE的反应机制

1. $\lvert I_p^C \rvert /\nu^{1/2}$ 值随着扫描速度变化，但是在很小和很大的扫描速度下会达到极限值，且 $\lvert I_p^C \rvert /\nu^{1/2}$（$\nu_{min}$）> $\lvert I_p^C \rvert /\nu^{1/2}$（$\nu_{max}$）。
2. $\lvert I_p^A \rvert / \lvert I_p^C \rvert$ 随扫描速度增加，但是在较大的扫描速度下会趋于极限1

表3－4　催化反应反应机制

1. 当 ν 增加时，$I_p^C/\nu^{1/2}$ 降低。
2. I_p^C 在较小的扫描速度下会达到极限值。
3. $\lvert I_p^C \rvert$ 值比 Randles－Sevcik 方程预测的值大。
4. $\lvert I_p^A \rvert / \lvert I_p^C \rvert \ll 1$

3.1.2.3　仪器与器件

测量都是采用由电脑控制的恒电位和恒电流系统（图3－7）。

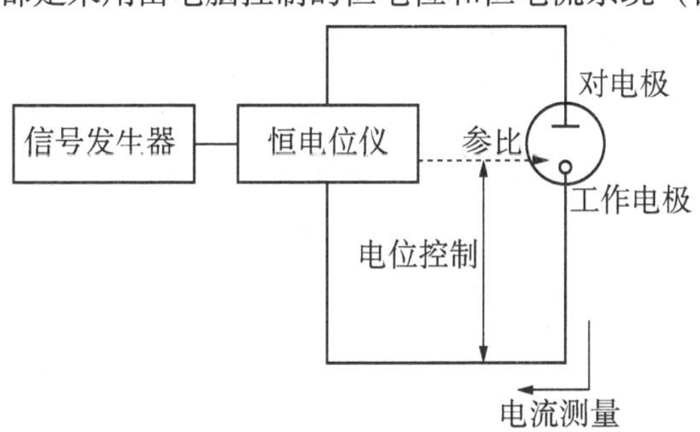

图3－7　控制电位测量实验装置示意

指示电极是一个圆盘形平面电极，它可以用来作为一个旋转电极，示意图如图 3－8 所示。

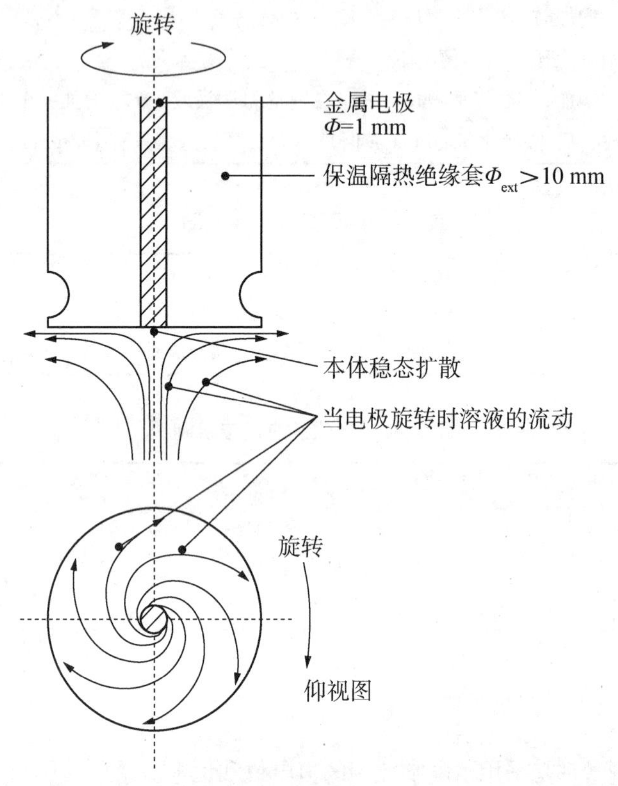

图 3－8 旋转圆盘电极的构成和工作示意

对于一个给定的电极，其材料组分的物理状态是非常重要的。杂质的吸附、吸附气体和氧气的存在等都在伏安曲线的形状上有所体现，这些信息发挥了重要作用，这就是电极可以“记住”之前痕迹的原因。

3.1.3 实验操作

（1）对简单系统的研究（没有耦合化学反应）。

准备 1 份 $K_4Fe(CN)_6$（5 mM）溶液，其中含有 KNO_3（1M）作为支持电解质，工作电极为 Pt 盘电极，循环作伏安图。预备：确定体系的电活性区域，精确说明该区域边界的化学反应。其中，参比电极为饱和甘电极，对电极为 Pt 片电极。

a. 水动力扩散状态。

固定 υ = 50 mV/s，旋转速度（ω）为 500 ～ 3 000 r/min 范围内取 8 组数据。

使用线性扫描方法研究 ω 对极限扩散电流的影响，并验证 LEVICH 定律，求得 K。

$$\text{Loi de LEVICH}: I_{lim} = K(\omega)^{0.5} \qquad (\text{式}3-3)$$

b. 纯扩散状态。

υ > 10 mV/s，ω = 0（未搅拌溶液），建议在 10 ～ 2 000 mV/s 之间取 8 组扫速。

使用循环伏安法研究扫描速度对系统的影响，验证 Randle-Sevick 定理。并对系统的可逆性得出结论。

c. 确定工作电极的有效面积 S。

在一个快速系统的条件下，已知扩散系数 $6.2 \times 10^{-6}\ cm^2/s$，求出工作电极的有效面积。

（2）利用配合物研究一个电辅助反应。

a. 简介。

若干钴的有机金属化合物的催化性是已知的，例如，在乙烯或卤化衍生物选择性还原反应中作为催化剂。这个催化特性让钴配合物有不同的氧化态（Ⅰ）、（Ⅱ）和（Ⅲ）。

复杂的钴（Ⅱ）合物双水杨醛缩乙二胺具有下列结构：

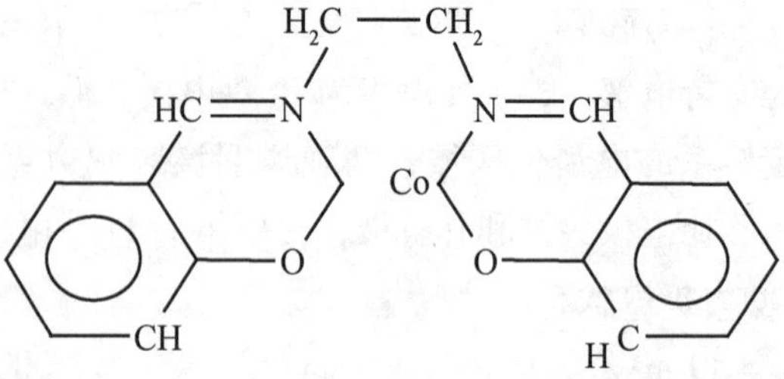

这种在还原态 Co(Ⅰ) 的化合物在有机卤化物的电助还原反应中起到了催化作用。这种具有金属 －碳键的 RCo（Ⅲ）化合物可由 Co（Ⅰ）Salen 与卤代衍生物 RX 直接反应形成：

$$RX + Co(\text{I})Salen \longrightarrow RCo(\text{III})Salen + X \qquad (3-1)$$

中间物 RCo（Ⅲ）Salen 的电化学还原反应将会产生一些不太稳定的物质。对比加入 RX 前后，对 Co（Ⅱ）Salen 体系的伏安图变化，研究其反应机制。

b. 操作。

所用试剂如下。

（a）二甲亚砜溶剂 $(CH_3)_2SO$：50 mL（DMSO，介电常数 $\varepsilon = 40$）。

（b）支持电解质四丁基四氟硼酸胺 NBu_4BF_4 0.1 $mol \cdot L^{-1}$。

（c）钴盐 NN′双水杨醛乙二胺［Co（Ⅱ）Salen，5×10^{-3} $mol \cdot L^{-1}$）。

（d）氯化苄 $C_6H_5CH_2Cl$：RX。

所用电极如下。

（a）工作电极：玻碳，铂金或黄金旋转圆盘电极。

（b）参比电极：一个放在一个含有溶剂和电解质支持物（10^{-1} $mol \cdot L^{-1}$ $AgNO_3$）的隔室中的 Ag^+/Ag 电极。

Co－Salen 系统研究如下。

（a）求 DMSO/NBu_4BF_4 的电活性区域，其中 NBu_4BF_4 浓度为 0.1 $mol \cdot L^{-1}$；并确定加入 Co（Ⅱ）Salen 后的电活性

区域。

（b）Co(Ⅱ)Salen 加入上述溶液中，浓度为 5 m mol · L^{-1}，研究动力学状态下的循环伏安图，扫描速率固定在 200 mV/s，旋转速率在 1 000～2 000 r/min 取至少 3 组数据。

（c）研究纯扩散状态下，Co（Ⅱ）Salen 体系的循环伏安特性，并研究不同扫速的影响。扫速在 100～600 mV/s 范围内取至少 3 组数据。

RX 存在下的 Co（Ⅱ）Salen 研究。

（a）在之前的溶液（50 mL）里新增 10 μL 的氯化苄（RX），并绘制出相应的伏安图（执行多次扫描），测试条件与无 RX 时相同。

（b）推导一个一般的电催化反应机制（建议与老师讨论）。

3.2 偏摩尔体积

3.2.1 实验目的

（1）通过实验了解偏摩尔体积的概念。

（2）学习密度计的使用。

3.2.2 实验原理

（1）理论回顾。

溶液的体积是容量性质，因此可以表示为各组分的偏摩尔体积的函数。

对于一个由 2 种成分组成的溶液，其中含成分 1 的量为 n_1 mol，含成分 2 的量为 n_2 mol，我们有：

$$V = n_1 V_1 + n_2 V_2 \qquad (式 3-4)$$

其中

$$V_1 = (\delta V / \delta n_1)\ T,\ P,\ n_2 \qquad (式3-5)$$

$$V_2 = (\delta V / \delta n_2)\ T,\ P,\ n_1 \qquad (式3-6)$$

在上述表达式中，V_1和 V_2 分别表示 2 种组分的偏摩尔体积。

（2）实验设计：二元体系的偏摩尔体积。

这个实验的目的在于通过测量密度，确定二元混合溶液中各组分的偏摩尔体积。

我们用 Anton Paar DMA 4100 型密度计测量密度。这是第一个 U 形管振动密度计，能在很大的温度范围和液体黏度范围内精确测量密度（图 3－9）。

（3）测量原理。

密度计中有一个和基准振荡器相连的 U 形管振荡器，能测量因为样品黏度导致的 U 形管振幅变化。

将流体加入 U 形管中（不可有气泡）。流体的单位长度质量不同时，U 形管的振荡周期不同。显然，加入的液体的质量变化与液体的密度相关。

在测量室中有一个铂热电阻（Pt100）温度计，用于精确测量和调控温度。

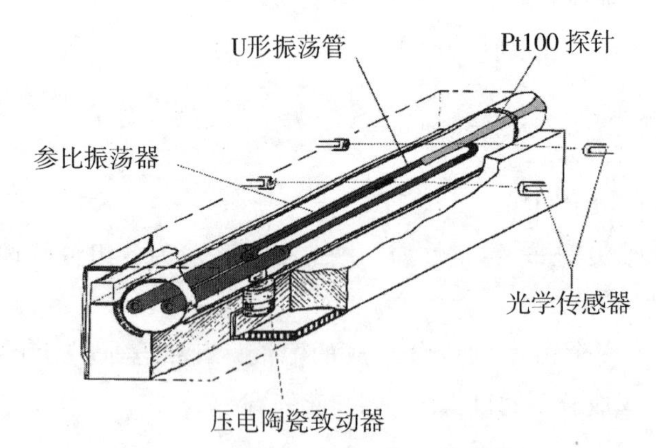

图 3－9 密度计结构示意

通过校准可将仪器调整至一个能够准确测量的状态。

仪器标定可测量出待测液体和基准液的密度比值，但我们要精确测量水的密度，并在 $T = 298$ K，$p = 1$ bar 的条件下得到 ρ（水）为 0.997 047 g/cm³。

3.2.3　实验步骤

（1）二元体系的偏摩尔体积。

这一步操作的目的在于测量水和二甲基亚砜（DMSO）混合物的偏摩尔体积，并推出纯水和被 DMSO 无限稀释的水二者的偏摩尔体积。

（2）准备溶液。

a. 称量 9 个 25 mL 锥形瓶的质量（带瓶塞），分别将其记为 B_1x；或直接归零扣除。

b. 用注射器向不同的锥形瓶中加入质量逐渐递增的有机溶剂（DMSO），将加入溶剂后的锥形瓶质量记为 B_2x。事先计算加入溶剂的量，使其能够包括不同比例的溶剂和水的组合。

c. 用另一个注射器向锥形瓶中加入水，使其能够包括相应比例的组合，其质量记为 B_3x。

d. 充分搅拌溶液，使混合均匀。

（3）测量和方法。

将不同的溶液注入密度计，测量它们的密度、相对密度和黏度修正量。我们用软件运算计算样品的密度（图 3－10）。

先计算得到各样品的平均摩尔体积，然后用作图法得到各组分的偏摩尔体积。

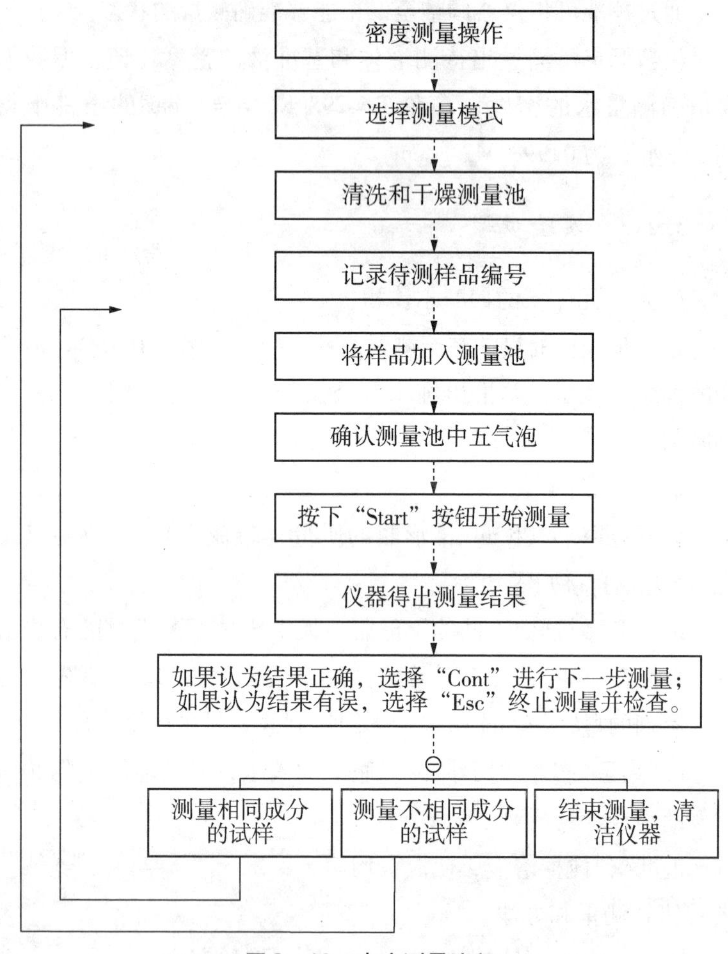

图3－10　密度测量流程

3.2.4　数据处理

（1）计算每个组分的摩尔比。

（2）根据《化学手册》上的表格计算水在测量温度下的体积（记作 V_1^0）。

（3）测量每份试样溶液的密度 ρ_x。画出函数 $\rho_x = f(x_2)$ 的图像，其中 x_2 是有机溶剂的摩尔分数。

（4）水和 DMSO 的混合溶液不符合理想溶液模型。我们用下面的式子计算其超量，对模型进行修正。

$$\Delta V_m^E = \frac{V}{n_1 + n_2} - x_1 V_1^o - x_2 V_2^o \qquad （式3－7）$$

其中 n_1 和 n_2 分别是组分 1 和 2 的摩尔数；V 是溶液的总体积，ΔV_m^E 是溶液的摩尔体积比理想模型高出的部分。

请证明我们可以通过水的密度 ρ_1^o 和 *DMSO* 的密度 ρ_2^o 计算 ΔV_m^E。证明如下关系：

$$\Delta V_m^E = x_1 M_1\left(\frac{1}{\rho_x} - \frac{1}{\rho_1^o}\right) + x_2 M_2\left(\frac{1}{\rho_x} - \frac{1}{\rho_2^o}\right) \qquad （式3－8）$$

M_1 和 M_2 分别是水和 DMSO 的摩尔质量。

画出 $\Delta V_m^E = f[x_2(\text{DMSO})]$ 的图像。

分析图像，是否能够得出关于水和 DMSO 相互作用的结论？

（5）V_1^∞ 和 V_2^∞ 分别代表组分 1 和 2 在无限稀释的溶液中的摩尔体积。根据图像和图像的切线，得出摩尔百分比从 0.01 ～ 0.1 不等的混合溶液中，分别对水和 DMSO 求出（$V_1 - V_1^0$）和（$V_2 - V_2^0$）的值，并画出（$V_1 - V_1^0$）和（$V_2 - V_2^0$）关于 x_2 变化的曲线。推断 V_1^∞ 和 V_2^∞ 的值。你能否根据这些图像推断水和 DMSO 在溶液中的行为？

3.3 吸收光谱测量仪：溶液中酸碱平衡的研究

3.3.1 实验目的

（1）掌握朗 Lambert-Beer 定律，并熟练分光光度计的使用。

（2）掌握温度和表面活性剂等对酸碱电离平衡的影响。

3.3.2 实验原理

3.3.2.1 简单回忆下物质与射线之间的相互关系

现代物理证明了物质与射线的深度等同性。我们可以简略地通过以下两种效应来总结这种相互关系。

放射：当物质被任意一种能量恰当地激发，它能放出一些射线。

吸收：过程大致上与上述过程相反。这个效应可以使用 UV 可见光，在溶液分析化学的范围内得到检验。

（1）定性分析。

用白光（多色光）照射透明有色物质会出现一束有色光，与物质的颜色一样。因此物质吸收了除这种颜色外其他颜色的光。入射波长与吸收光的颜色见表 3－5。

表 3－5 入射波长与吸收光的颜色

λ/nm	吸收的光的颜色	看到的颜色
380～435	紫色	绿黄
435～490	蓝色	黄
490～500	蓝绿	橙
500～560	绿蓝	红
560～580	绿黄	紫红
580～595	黄	紫
595～650	橙	蓝
650～780	红	蓝绿
>780	IR	绿蓝

混合物的吸收光谱的准确测定可以用来测定物质的某些性质。

（2）定量分析。

一个光子处于 E_0 能态，它被一束光子 $h\nu$ 辐射跃迁到一个更高能级 $E_0 + h\nu$ 上。可观察到如下几种现象。

a. 如果光子的能量太高（例如 UV），发生分子的离子化。

b. 那些会发生核跃迁或者关系到内电子层的跃迁的分子的激活作用。一个红外光子，能量较小，一般来说达不到能影响分子的旋转和振动的能级。

物质的照射伴随着一些其他的更复杂的现象（反射，漫反射，改变或不改变入射波长的再发射，极化作用）。

（3）Bougeur－Lambert－Beer 定律。

与吸收现象相关的多个因素常常可以用 Beer 定律表示出来。

我们考虑一个单色光照射，其中在一个给定的温度下，流 I_0 在穿过宽度为 ℓ（cm）的吸收剂（光学路程）后减少到 I。

Bouguer－Lambert 定律给出了 I 在固体中随 ℓ 指数减小的规律。想象使这个定律成立所需要的其余假设。它能够定义波长为 λ 的波的吸光度（光学强度）：

$$A_\lambda = \log Io/I \text{（无量纲）} \qquad \text{（式 3－9）}$$

至于 Beer 定律，即 A_λ 与有色物质在溶液中的浓度 c 的比例关系。

因为光学路程长度 ℓ 也要被引入，我们有：

$$A_\lambda = \varepsilon_\lambda \cdot l \cdot c \qquad \text{（式 3－10）}$$

ε_λ 为穿过 1 cm 厚度的吸收能力（分子湮灭），对于固定波长的波，在给定的温度下，ε_λ 是定值。此外，在给定温度下，$\varepsilon_\lambda = f_{(\lambda)}$，吸收光谱曲线也是物质的特性。在很多情况下，吸收光谱中有一个或多个最大值，被称为物质对一种或多种特殊波长 λ_{max} 波的吸收峰值。

温度对一些被称为“热色现象”的物质的吸收光谱非常重要。它也能够用与峰值对应的λ_{max}的移动来说明。

当很多种吸收剂被溶解且它们之间不发生化学反应时，混合物的吸收能力是每种组合之和：

$$A_{\lambda总} = l \cdot \sum \varepsilon_i c_i \qquad (式3-11)$$

（4）Beer定律的局限性。

当溶质的浓度太大时，由于散射等现象的存在，A和c的比例就不再遵循Beer定律。因此测量未知物质的物质的量浓度，需要了解我们所研究的区间是否在线性区。我们也可以用插值方法求解。

3.3.2.2 利用吸收光谱法分析

我们的分析仅限于物质浓度的测定以及仅考虑一种运用方式：关于颜色指示剂平衡常数的测定。

（1）单种物质的浓度的测定。

Beer定律被运用来测量可能的最大吸光度，因为在任一波长下，λ的微小变化（波长调整的不精确导致）只会引起ε_λ（水平切线）的小的变化。

利用一种已知浓度的溶液进行的校准理论上能测定选定波长下的ε_λ的值。对未知浓度的溶液来说，当Beer定律能严格的运用时，对所选波长下的A的测量能得到c的值。实际上，对几种已知浓度的校准，然后通过曲线$A=f(c)$获得未知溶液浓度，是更被提倡的。

（2）测量两种或多种化合物的浓度。

对目标物质最大吸收量不同的波长，校正和测量是需要交替执行的，我们可以运用叠加原理。

（3）颜色指示剂酸碱度的测定。

考虑一种具有弱酸性质的颜色指示剂BH^+，其弱酸常数为

K_a，B 的基本形式及酸式形式 BH^+，吸收不同光谱范围的光线。

酸度常数 K_a'（固定离子强度和温度）允许运用于不同的浓度（或者称为活度不同）。

$$BH^+ \rightleftharpoons B + H^+ \qquad (3-2)$$

$$K_a = \frac{[B][H^+]}{[BH^+]} \qquad (式\ 3-12)$$

假设 λ_1 和 λ_2 分别是酸式和碱式下吸收峰对应的波长。C_0 为指示剂总浓度。

$$c_o = [BH^+] + [B] \qquad (式\ 3-13)$$

式 3－11 的平衡点向酸性介质移动，使得浓度为 c_0 的纯酸溶液的光谱能够画得出来。光谱在 λ_1 处取得最大值 A_1：

$$A_1/\ell = \varepsilon_1 \cdot c_o \qquad (式\ 3-14)$$

在 λ_2 处取得 A_2：

$$A_2'/\ell = \varepsilon_2' \cdot c_o \qquad (式\ 3-15)$$

同理，式 3－11 的平衡点向碱移动能得到浓度 c_0 的纯碱溶液的光谱。光谱在 λ_2 处取得最大值 $A_2/l = \varepsilon_2 \cdot c_o$，在 λ_1处取得

$$A_1'/\ell = \varepsilon_1' \cdot c_o \qquad (式\ 3-16)$$

从现在开始我们关注一个波长值，例如 λ_1。

浓度为 c_0（c_0 对应同时为酸和为碱的特殊情况）的指示剂溶液的吸光度为 A：

$$A/\ell = \varepsilon_1 . [BH^+] + \varepsilon_1' \cdot [B] \qquad (式\ 3-17)$$

考虑到式 3－13：

$$A/\ell = (\varepsilon_1 - \varepsilon_1') \cdot [BH^+] + \varepsilon_1' c_o \qquad (式\ 3-18)$$

考虑到式 3－16：

$$(A - A_1')/\ell = (\varepsilon_1 - \varepsilon_1') . [BH^+] \qquad (式\ 3-19)$$

同理可得在 λm 下：

$$(A_1 - A)/\ell = (\varepsilon_1 - \varepsilon_1') . [B] \qquad (式\ 3-20)$$

将式 3－19 和式 3－20 代入式 3－12，有：

$$Ka/[H^+] = [B]/[BH^+] = (A_1 - A)/(A - A_1') \quad (式3-21)$$

或

$$\log\left[\frac{A_1 - A}{A - A_1'}\right] = pH - pKa \quad (式3-22)$$

函数 $\log[(A_1 - A)/(A - A_1')] = f(\mathrm{pH})$ 的图像是1条单位斜率的截距为 -pKa 的一条直线，这给出了酸碱度常数的图形确定方法。同时，直线与 pH 轴的交点给出了 pKa 的值。

注意事项如下。

（1）我们将采用不同的 $[B]/[BH^+]$ 比值，在0.1～10范围内变化，来测量 A 点的吸光度。在此区间之外，式3-22中的分子分母的吸光度的差别很小，说明误差很大，需要注意。

（2）c_0 浓度下 BH^+ 和 B 的光谱相交于一点，称为等吸收点，酸式和碱式的吸光度相等（等于 ε_i）。

c_0 浓度下指示剂溶液所有的光谱均穿过等吸收点。

同一个酸碱指示剂系统可能存在几个等吸收点。

ε_i常不为零，但能为零。处理方式是相同的（例如：酚酞，在碱性介质中呈红色，在酸介质中吸收紫外线 UV）。

$\varepsilon_i = 0$ 通常意味着差 $\lambda_1 - \lambda_2$显著。此差值必须为几百纳米数量级，这样眼睛才能够方便地分辨色差。另外，差值小将导致吸收带（吸收区间）过大的重叠，进而造成操作难度大。

（3）若我们想要证明简单系统的存在，必须要验证等吸收点的存在。“等吸收区”反映了一个事实，所有不穿过等吸收点的曲线可能有如下原因。

a. 配制溶液不准确，有许多的不准确性（如指示剂的量不严格准确）。

b. 测量体系中的物质，不局限于一元交换反应。

3.3.3 实验步骤

此操作的目的在于测定与弱酸的电离平衡相关的热力学常数 ΔrG_0，ΔrH_0 和 ΔrS_0。弱酸在酸性和碱性形式下均是有色的，因此可以测定不同温度下 pKa 值。

$$BH^+ \rightleftharpoons B + H^+ \text{（或 } AH \rightleftharpoons A^- + H^+;\quad HI^- \rightleftharpoons I^{2-} + H^+\text{）} \tag{3-3}$$

然后，我们考虑在含有浓度高于 CMC 溶液的阴离子表面活性剂时另一酸碱对溶液的 *p*Ka 值的移动。

（1）测定 $\Delta_r G^o$。

热力学参数与温度直接相关，所以有必要给工作温度设定一个确定的值，在所选择的温度下稳定测量，这里温度选为 25 ℃。

实验所用化合物是苯胺黄（4－氨基偶氮苯），其结构式如下：

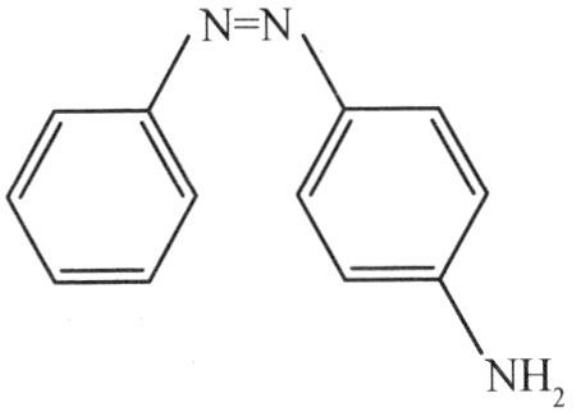

N=N

NH$_2$

它被标记为 In（酸碱对标记为 HIn^+/In），其摩尔质量为 $M = 197$ g/mol，In 溶液是在水中的饱和溶液（浓度 c^0 的数量级为 10^{-4} mol · L^{-1}）。

由于基团 －C＝C－ 的强烈共振使得它成为颜色鲜明（色差大）的指示剂，其对分子和离子的指示颜色是不同的。通过做实验，观察这些颜色。

吸光度的值不能超过所选材料允许的范围，所以需要一些测试，以确定使用的指示剂的最佳体积。对于 10 mL 容量瓶，设 V_{ind} 为指示剂的体积。

首先进行校准，确定总体积为 10 mL 时指示剂的最优体积，标记为 X mL，经过预实验，建议 2 mL 左右。

其次测定 25 ℃时在水中的 pKa 值。

在 7 个 10 mL 烧瓶中，制备含有 2 mL 指示剂和以下浓度的 HCl 溶液（表 3 -6）。

表 3 -6　含有 2 mL 指示剂的不同浓度的 HCl 溶液

烧瓶标号	1	2	3	4	5	6	7
$[H^+]$ /mol · L^{-1}	0. 1	0. 01	0. 005	0. 003	0. 002	0. 001	0

绘制这些不同溶液的光谱，并测量最后 2 个溶液的 pH。

对于我们感兴趣的 2 个波长，通过画图的方法，利用曲线 $\log[(A_1 - A)/(A - A_1')] = f[\mathrm{pH} - \log(C_H^+)]$ 实现对 pKa 值的测定。比较画图得出的 pKa 值和文献表中的值（pKa = 2. 9）的差别。

这样可确定 $\Delta_r G^o$，即计算所选指示剂电离的标准吉布斯自由焓变。

注意：移取指示剂时，不能取到饱和指示剂溶液的表面或底部的未溶解固体，否则实验偏差极大。为控制溶液 H^+ 浓度，可以配置 10 mL 0. 2 mol · L^{-1} 的 HCl 溶液进行稀释。

（2）测定 $\Delta_r H^o$ 和 $\Delta_r S^o$。

各种弱酸电离所得到的 $\Delta_r G^o$ 的信息不能够详细地给出反应进行时需要考虑的变量是什么。自由电离焓是 $\Delta_r H^o$ 及 $-T\Delta_r S^o$ 这两项的和，它们的重要性体现在对反应起因的影响，或是因为参数焓的变化，或是熵的变化，或是两者共同作用引起的变化。

Vant' Hoff 定律：

$$\frac{d_p K_a}{d\frac{1}{T}} = \frac{\Delta_r H^{\circ}}{2.3R} \qquad （式 3－23）$$

范德霍夫定律可以给出弱酸关于 pK_a 的变化量同温度的关系。对于图形 $pK_T = f$（$1/T$）来说，在给定的温度下的切线能得出 $\Delta_r H^{\circ}$（T）。为达到此目的，操作进行得如下：

a. 讨论后，选择所需的测量方法。

b. 在恒温器的帮助下，将容器的温度从 10 ℃升至 35 ℃（步长为 5 ℃），并且每步均记录此有色溶液的吸光度。

c. 确定每个温度下的 pKa 值并且画出 pKa 以 1 / T 为变量的图形。

推断 $\Delta_r H^{\circ}$ 的值，以及此指示剂电离的 $\Delta_r S^{\circ}$ 值。你能得到什么结论？测定热力学常量的这种方法，你觉得准确吗？对计算的 3 个函数进行误差分析。

由于实验时间的限制，仅取样品 1、4（或 3）、7 进行升温实验。

（3）在浓度高于 CMC 的阴离子表面活化剂存在情况下，溴甲酚绿的 pK_a 值的移动的研究。研究的成分是溴甲酚绿，它的分子式是：

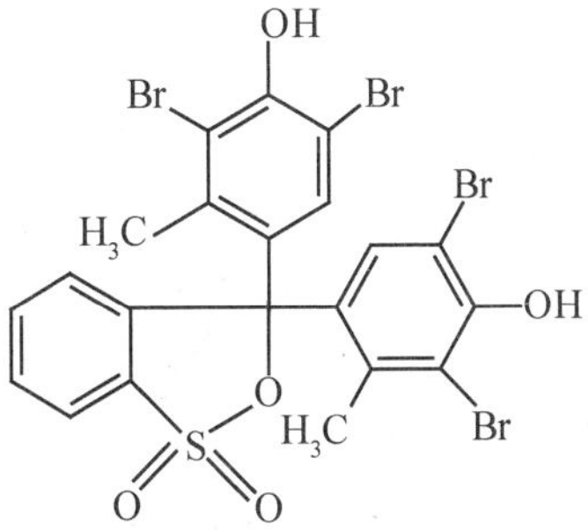

它被标记为 HIn（酸碱对被标记为 HIn/In^-），摩尔质量为 $M=698$ g/mol，在水中的电离常数是 $pKa=4.7$，HIn 母液在水中是饱和的（浓度 c^0 的数量级为 10^{-4} mol · L^{-1}）。

对于此操作，使用的表面活化剂是十二烷基硫酸钠（SDS）。因其在介质中会以胶束的形式存在，SDS 在最终（反应后）的溶液中的浓度比 CMC 大。实验中用到的溶液如下。

a. 饱和的溴甲酚绿溶液。

b. 浓度为 3 mol · L^{-1}的 SDS 溶液。

c. 酸性溶液：[HCl] = 2×10^3 mol · L^{-1}，
[NaCl] = 0.2 mol · L^{-1}。

d. 碱性溶液：[NaOH] = 2×10^3 mol · L^{-1}，
[NaCl] = 0.2 mol · L^{-1}。

e. 醋酸缓冲溶液：
[CH_3COOH, CH_3COO^-] = 0.02 mol · L^{-1}，
[NaCl] = 0.2 mol · L^{-1}(pH 为 4.8～5.5)。

f. 磷酸缓冲溶液：
[$H_2PO_4^-$, HPO_4^{2-}] = 0.02 mol · L^{-1}，
[NaCl] = 0.2 mol · L^{-1}(pH 为 6.3～6.7)。

使用 10 mL 烧瓶，精确地配置以下 6 种溶液（表 3－7）。

表 3－7　配制溶液列表

	溴甲酚绿	0.3 mol · L^{-1} SDS	添加使达到 10 mL
酸性溶液 A	1.5 mL	0.5 mL	盐酸溶液
碱性溶液 B	1.5 mL	0.5 mL	氢氧化钠溶液
Solution 1	1.5 mL	0.5 mL	缓冲液 4.8
Solution 2	1.5 mL	0.5 mL	缓冲液 5.5
Solution 3	1.5 mL	0.5 mL	缓冲液 6.3
Solution 4	1.5 mL	0.5 mL	缓冲液 6.7

以上6种溶液中颜色指示剂的浓度需要一致。

a. 测量6种溶液的pH。

b. 调节分光光度计之后，在同一张图中（此图波长范围为350～700 nm）画出此六种溶液的光谱图。

采用类似的方法，可以计算pKa，并与理论值4.7进行比较。

3.4 表面张力

3.4.1 实验目的

（1）掌握吊片法和探针法测定表面张力的方法。

（2）了解表面张力的性质及影响因素。

（3）由表现张力和浓度曲线求吸附量和表面活性剂分子的横截面积。

3.4.2 实验原理

（1）表面张力的定义。

我们观察到一滴水可附着在水龙头管口而不会跌落，由此引发这样一个问题：是何种力抵消了重力的影响？当然，我们会考虑液体自身的凝聚力，但是液滴形态的稳定预示着空气和水之间的界面存在着一种张力。水滴仿佛被一层存在着阻止水滴下落的张力的薄膜所包裹。这个张力叫作这种液体的气/液相界面的表面张力，记为γ。这个张力阻止表面积的增长，它的单位是牛顿每单位长度。

注：界面张力对应着液/液界面或固/液界面，表面张力对应着气/液界面。

举例来说，这个定义应用于一个肥皂水形成的定宽为 l，长度为 x 的液膜（图 3－11）。

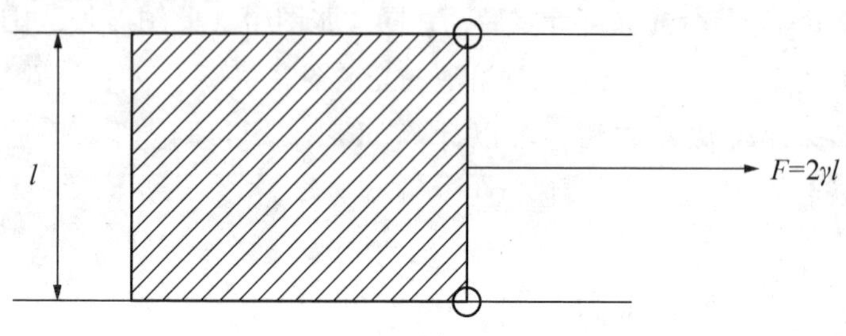

图 3－11　表面张力的定义

一个作用在滑杆上的力 $F=2\ \gamma l$。系数 2 意味着考虑薄膜有两个端线，一般形式下力的表达式为，$F=\gamma l$，L 是浸润部分的长度，这里 $L=2l$。如果我们通过移动滑杆增加长度 dx，我们增加了面积 dA，与此同时，位移所付出的功为：

$$\delta W = F\,\mathrm{d}x = 2\ \gamma l\ \mathrm{d}x = \gamma\ \mathrm{d}A \qquad (式 3-24)$$

由此我们得到功的变化量和面积变化之间的关系：

$$\delta W = -P\ \mathrm{d}V + \gamma\ \mathrm{d}A \qquad (式 3-25)$$

力在表面做的功 γ dA 可带入到常规的热力学方程，例如微分形式的内能 U 和吉布斯自由能方程 G（开放体系）。

$$\mathrm{d}U = T\mathrm{d}S - P\mathrm{d}V + \gamma\ \mathrm{d}A + \Sigma\ \mu_i\ \mathrm{d}n_i \qquad (式 3-26)$$

$$\mathrm{d}G = -S\mathrm{d}T + V\mathrm{d}P + \gamma\ \mathrm{d}A + \Sigma\ \mu_i\ \mathrm{d}n_i \qquad (式 3-27)$$

若 P，T 为常数，则：

$$\mathrm{d}G = \gamma\ \mathrm{d}A + \Sigma\ \mu_i\ \mathrm{d}n_i \qquad (式 3-28)$$

我们认为 γ 和 μ_i 为常数并积分：

$$G = \gamma\ A + \Sigma\ \mu_i\ n_i \qquad (式 3-29)$$

式 3－30 的全微分形式：

$$\mathrm{d}G = \gamma\ \mathrm{d}A + \Sigma\ \mu_i\ \mathrm{d}n_i + A\mathrm{d}\gamma + \Sigma\ n_i\ \mathrm{d}\mu_i \qquad (式 3-30)$$

比较式 3－29 和式 3－30，我们推出 Gibbs－Duhem 关系式：

$$A\mathrm{d}\gamma + \Sigma n_i \mathrm{d}\mu_i = 0 \qquad (式3-31)$$

（2）Wilhelmy 提出的用薄板测量表面张力方法的原理。

我们测量一端完全浸于液体的金属薄板的重力（图3-12）。力 F 表示不浸润时和与液体接触时金属板重力的差值。F 由界面周长（$2L\cos\theta$）乘上表面张力 γ。这种方法常用于测量由于添加溶剂或能在表面形成薄层的物质引起的表面张力的变化。

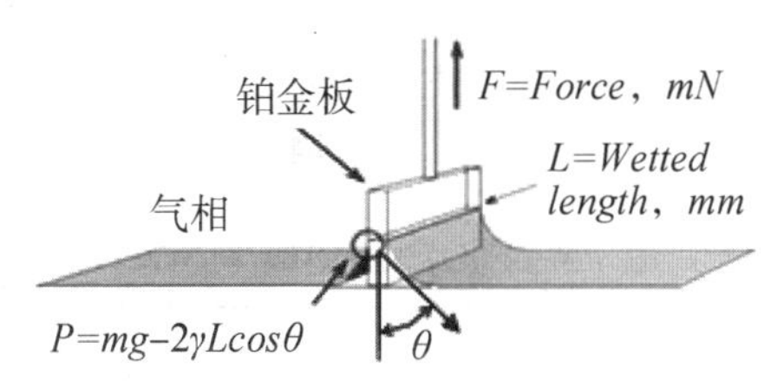

图3-12　吊片法测量表面张力

实验中，我们用悬挂在分析天平上的薄的白金板作为探头，探头移动直至界面与薄板接触时探测。

此时天平读数即为最大表面张力，它可由如下公式算出：

$$\gamma = \frac{F}{2L\cos\theta} \qquad (式3-32)$$

薄板由粗糙白金制成由此确保了液体在表面的完全浸润（图3-13）。接触角 θ 是0°。这说明 $\cos\theta$ 是1，换言之，只要知道浸润部分的周长和天平读数，即可算出表面张力。

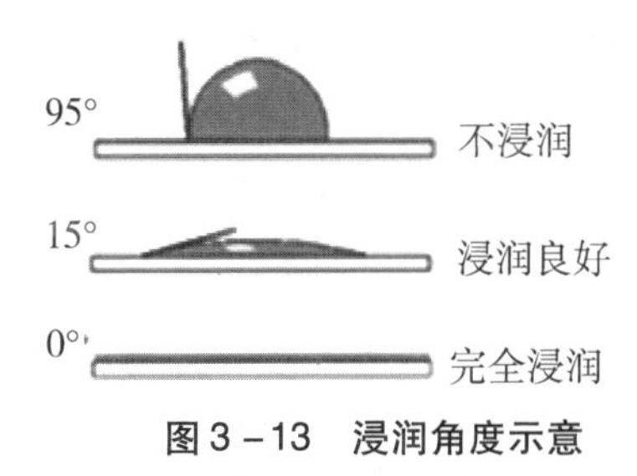

图3-13　浸润角度示意

操作时注意，为了确保完全浸润，白金板每次测量前要用火焰的外焰烧过。

（3）表面张力的由来。

在凝聚态中，从分子尺度观察液体表面，每个分子受到其他内层分子对它的吸引力，以及来自气相分子的微弱吸引力。这就是表面张力的由来。将一个液体内部的分子移动到表面所做的功可理解为形成新表面所“释放”的张力。所以，内部凝聚力较大的凝聚体有着相对应较大的表面张力是合理的。这个趋势体现在表3－8。

表3－8　表面张力和表面能量的几个例子

液体	表面张力 $/mN \cdot m^{-1}$	温度/℃	表面能量 $/ergs \cdot cm^{-2}$
He	0.308	－270.5	0.4
H_2O	73	20	113
C_6H_6	29	20	67
Na	191	98	228
Cu	1 550	1 000	1 355
Hg	487	20	

1 erg $=10^{-7}$J

表3－8也给了不同物质的表面张力（多用于液面）和表面能（多用于固体表面）。新表面形成要经历2个阶段，新表面的形成和为了达到新平衡的表面原子的重排。我们无法分辨出液体表面形成的不同阶段。液体分子的移动性让在表面扩张后的瞬间到达新的平衡位置（且没有表面能）。固体分子则没有移动性，重排过程可能缓慢或者根本不发生。因此，新表面的形成需要一个和表面张力有关的能量来实现。

（4）溶液表面上对溶质的吸附作用。

我们现在想象包含有两种化合物的液相——溶质和溶剂。我们定义组分 i 的表面超量为 $\Gamma_i = -\frac{n_i}{A}$ mol/cm^2。此物理量表示的组分 i 在表面上相对于体积来说“多余的”的摩尔量。

在表面上，溶质的摩尔量与溶剂的摩尔量的比值 n_2/n_1 比值不同于与在溶液中此比值 n_2°/n_1° 的大小（图 3－14）。如果 $n_2/n_1 > n_2^\circ/n_1^\circ$，我们有表面超量 Γ 为正（溶质在液体表面积累）。

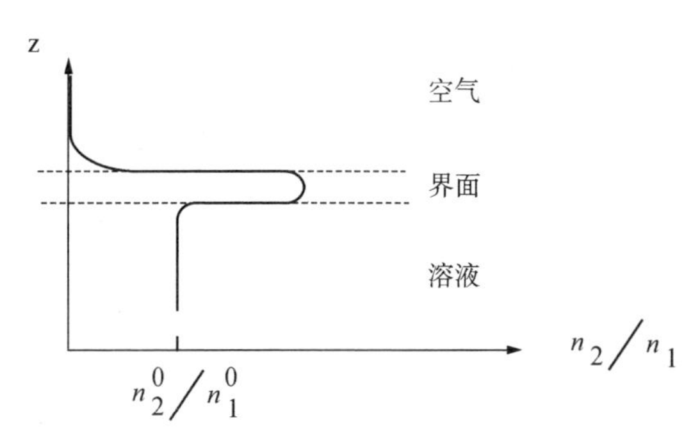

图 3－14　在溶液内部和在溶液表面上的浓度变化

由 Gibbs－Duhem 关系式，在表面层和在溶液内部分别有：

$$A\mathrm{d}\gamma + n_1\mathrm{d}\mu_1 + n_2\mathrm{d}\mu_2 = 0 \text{（表面层）} \quad \text{（式 3－33）}$$

$$n_1^\circ\mathrm{d}\mu_1 + n_2^\circ\mathrm{d}\mu_2 = 0 \text{（溶液内部）} \quad \text{（式 3－34）}$$

易证：

$$\frac{\mathrm{d}\gamma}{\mathrm{d}\mu_2} = -\frac{n_1}{A}\left(\frac{n_2}{n_1} - \frac{n_2^\circ}{n_1^\circ}\right) \quad \text{（式 3－35）}$$

对于表面上的强吸附性溶质（如：洗涤剂），我们可估计：$n_2/n_1 \gg n_2^\circ/n_1^\circ$。我们可得 Gibbs 等温吸附方程：

$$\Gamma_2 = -\frac{\mathrm{d}\gamma}{\mathrm{d}\mu_2} \quad \text{（式 3－36）}$$

对于双组分液体/气体界面上，应用此公式，我们讨论下列 2 种情况。

a. 溶质与溶剂之间的相互作用力（在绝对值上）相对于溶剂与溶剂之间的相互作用力来说非常小。溶剂有留在溶液内部的倾向，溶液表面上富含溶质，同时减小了表面上溶剂粒子间的相互作用力。溶剂的表面超量 Γ 为正；γ 随着溶质的摩尔浓度的增大而减小，例如：表面活性剂。

b. 溶质与溶剂之间的相互作用力（在绝对值上）大于溶剂与溶剂之间的相互作用力。溶质在溶液内部的数量比在表面上数量要多。溶剂的表面超量 Γ 为负；γ 随着溶质的摩尔浓度的增大而增大，例如：盐水。

在绝对值上，第一种情况下的表面超量比第二种情况下的表面超量要大。下面我们将仔细研究此情况。

（5）对表面活性剂的吸附研究。

如它的名字所示，表面活性分子是一种在低浓度下能显著降低水的表面张力的物质。表面活性剂分子结构具有两亲性，一端为亲水基团，另一端为疏水基团。

表面活性剂的主要种类如下。

a. 阴离子表面活性剂。

b. 阳离子表面活性剂。

c. 非离子型表面活性剂。

大多数情况下疏水基是1条（或多条）脂肪类长链。亲水基可能是形成极化端的离子（阴离子或阳离子），也可能是中性可溶于水的短链。

依据其浓度，表面活性剂可能以不同形式分布在溶液中（图3－15）。由于存在疏水基，（就绝对值来说）溶液/溶剂界面变小。（在表面足够大时）低浓度的情况下，溶剂分布在液面上，这就减小了溶液和气相间的分子作用力。在一定浓度下，液面已被溶剂占满，无法再挤入表面活性剂分子，这时溶剂只能分布在溶液中。为了使溶液中亲水基和疏水基之间的作用力最小，活性剂分子形成了胶束。这时的浓度称为临界胶束浓度（CMC）。胶束出现后吸附不再改变，表面张力也变为常数。

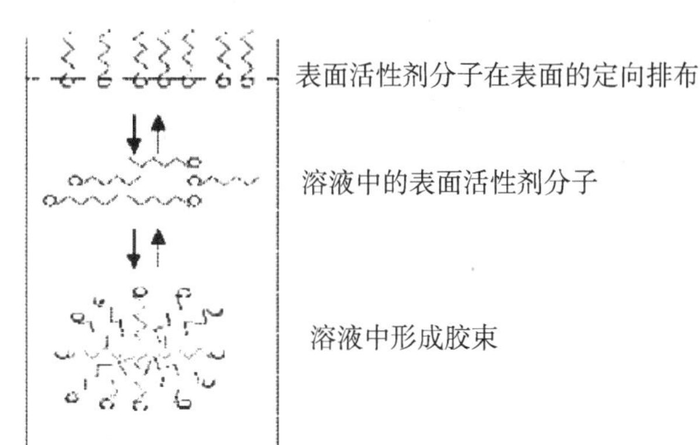

图 3－15　在溶液中不同位置的表面活性剂存在形式

对于一种分子其化学势表示如下：

$$\mu_2 = \mu_2^o + RT\ln a_2 \qquad （式 3－37）$$

我们把 1－1 型的盐记作 $\mu_2 = \mu_2^o + 2RT\ln(a_{\pm})_2$（式 3－38）$a_{\pm} = \gamma_{\pm} c$。

对于极稀的溶液，我们可以认为：

$a_2 = c_2$，表达式 3－36 可改写成：

$$\Gamma = -\frac{d\gamma}{d\mu_2} = -\frac{d\gamma}{RT\text{dln}c} = -\frac{cd\gamma}{RTdc}, \quad d\gamma = -RT\Gamma\text{dln}c \qquad （式 3－39）$$

两种极端情况值得注意。

a. 当表面足够大时，溶质分布在表面。然而在 CMC 时，我们无法在溶液表面加入溶质分子。当我们逼近这一时刻，表面超量达到最大值并在之后保持为常量。从 Γ 到 Γ_{max} 对式 3－39 进行积分，我们得到：

$$\gamma - \gamma_0 = RT\Gamma_{max}\ln c_0 - RT\Gamma_{max}\ln c \qquad （式 3－40）$$

值得注意的是，由于表面活性剂层中分子排列紧密，所以所有憎水基团都是垂直于液面的。最大吸附也就是由亲水基的面积决定的。

通过确定图像 $\gamma = f(\ln c)$ 的斜率，我们可以估算 Γ_{max}，也就可以估算出界面上由亲水基占据的面积。有了这个信息后，在得知溶剂密度和摩尔质量后我们可以估算出脂肪链的长度。

b. 对于 $c \to 0$，表面活性剂浓度很低，表面张力随浓度增加呈线性下降（图 3－16）。值得注意的是，一旦表面被表面活性剂分子占满，表面张力为常数。

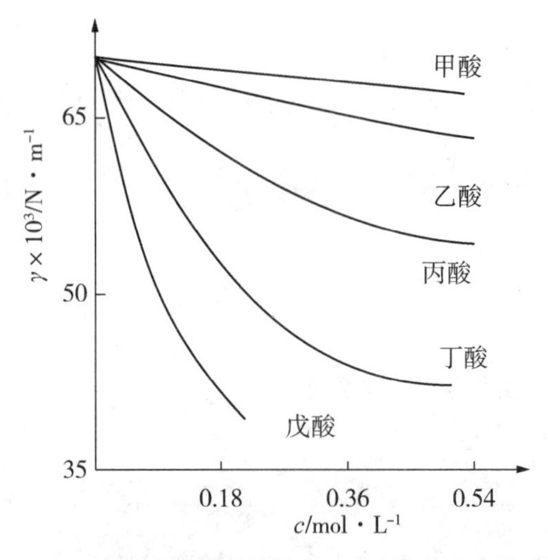

图 3－16　表面活性物质的浓度对溶液表面张力的影响

3.4.3　实验步骤

我们将研究两种表面活性剂：中性表面活性剂（醇类）和一种阴离子表面活性剂。

取 1 mL 纯净水，测量水的表面张力。随后用移液枪逐步添加表面活性剂。

（1）研究两种同系的醇：丁醇和己醇。

a. 丁醇。仔细清洗烧瓶后加入 1 mL 纯净水，测表面张力。第一个 5 μL 分 10 次加入，每次加 0.5 μL，随后每次加入 5 μL 直至 100 μL。测表面张力，操作结束后取回瓶中的溶液。

b. 己醇。仔细清洗烧瓶后加入 1 mL 纯净水，测表面张力。每次 0.25 μL 地加入己醇，连续加 6 次，每次加入后摇匀（可超声振荡使之混匀）溶液，随后每次加 0.5 μL，共加入 6 ～ 8 次。持续加入直到 γ 为常数（总加入量约为 5 μL）。

画出表面张力 γ 随浓度或浓度对数值（底数为 10）变化的曲线。并将两种物质的变化曲线画在同一张图上。

请比较丁醇和己醇低浓度时和高浓度时的变化曲线，可以得到什么结论？

请确定以下几个值。

（a）醇的临界胶束浓度（c_{MC}）。

（b）表面上表面活性剂层的厚度。

（c）通过 Gibbs 方程算出每个醇分子在气 - 液界面上平均占据的面积。

（2）研究阴离子表面活性剂：十二烷基硫酸钠（SDS）。

SDS 是一种广泛用于香波制造的阴离子表面活性剂。其半展开化学式为：$CH_3-(CH_2)_{11}-O-SO_3^-Na^+$。它是离子化合物，提供钠阳离子（$Na^+$）和十二烷磺酸根阴离子。

制备 50 mL 0.1 mol · L^{-1}表面活性剂水溶液。称取 SDS 时，带上防护手套和面具。注意摇匀时要轻柔以免起泡，这有利于以后的测量。

在加入 1 mL 纯水后逐步加入表面活性剂溶液，并测量表面张力。

测量表面活性剂浓度为 10 μmol · L^{-1}～ 12 mmol · L^{-1}时的

表面张力。对此，SDS 的浓度应如下取值：log［SDS］= −5，−4.5，−4，−3.5，−3，−2.7，−2.5，−2.3，−2.1，−1.9，−1.7，−1.5。这些数值确保了 CMC 附近范围内（5 - 10mmol·L^{-1}）的研究。详细见表 3 - 9 所示。

画出表面张力随 SDS 浓度的对数值（以 10 为底数）的变化曲线。确定 CMC 和每个十二磺酸钠分子在气 - 液界面上平均占据的面积。

表 3 - 9　表面活性剂 SDS 的浓度

log［SDS］	−5	−4.5	−4	−3.5	−3	−2.7
c/mmol·L^{-1}	0.01	0.32	0.10	0.316	1.00	1.995
V/μL	0.10	0.32	1.00	3.17	10.10	20.36
ΔV/μL	0.10	0.22	0.68	2.17	6.93	10.26
γ/mN·m^{-1}						
log［SDS］	−2.5	−2.3	−2.1	−1.9	−1.7	−1.5
c/mmol·L^{-1}	3.16	5.01	7.94	12.59	19.95	31.62
V/μL	32.66	52.76	86.29	144.02	249.26	462.48
ΔV/μL	12.30	20.11	33.52	58.74	105.24	213.22
γ/mN·m^{-1}						

注意事项如下。

a. 由于表面张力仪靠微天平（极灵敏）来称量水溶液的表面张力，因此每次清洁（水清洗 - 干净纸张擦干 - 丁烷灯灼烧）完探针后，需要特别小心挂回去，不能拉扯天平。

b. 同一个实验，浓度从低到高，可以不用每次都清洗探针；不同实验之间则需要清洗干净。

c. 每次清洗完，要用纯水进行校准。

d. 每次加表面活性剂时，需要将枪头插入杯底。

3.5 钴的萃取实验和在硫酸介质中使用 Cyanex 272 有机磷酸类萃取剂的钴镍分离实验

3.5.1 实验目的

（1）掌握萃取原理，练习并熟练掌握分离液态混合物的单元操作。

（2）掌握紫外—可见光谱法测定钴离子浓度的方法和原理。

在湿法冶金业中，为了萃取和纯化从矿床中采集到的金属，我们广泛使用萃取法。萃取过程的顺利实施需要我们的实验员有以下能力：对于萃取物的辨识能力，对于在液体环境下萃取实验中出现的物理化学现象的理解能力以及对于实验中有用数据的获取、采集能力。

在此次实验中，我们关注在硫酸环境下使用有机膦酸类萃取剂 Cyanex 272 对钴的二价离子的萃取。Cyanex 272 是在工业上广泛使用的萃取剂，主要用于从含有镍或钴的矿石中有选择性的提取镍或钴。

3.5.2 实验原理

3.5.2.1 *液液萃取*

（1）萃取的原理。

液液萃取是利用溶质在两种互不相溶的溶剂中溶解度不同，使该溶质与原溶液分离（即从一种液相转移到另一种液相）的操作过程。一般情况下，我们把含有要萃取分离的溶质的原溶液和另外一种能够有选择性地提取该溶质的溶剂混合在一起。已经完成了萃取即已含有萃取物的萃取剂溶液被称作萃取相，失去了大部分的萃取物的原溶液称为萃余液（图 3-17）。

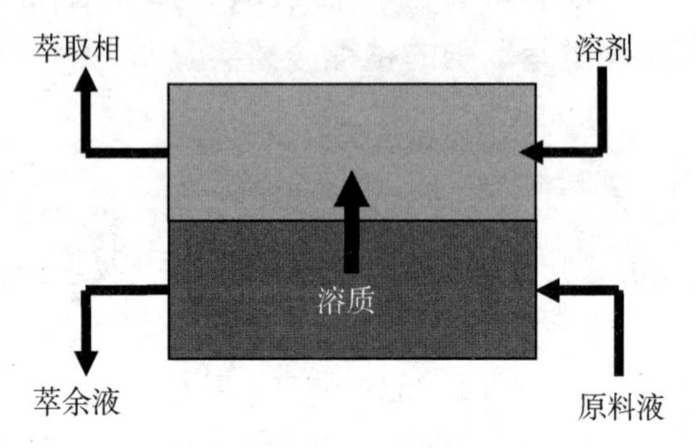

图 3-17　液-液萃取示意

实际上液液萃取操作需要 2 个连续的过程。

a. 原溶液（料液）与萃取剂在混合过程中密切接触，混合时间要足够长，直到被萃取组分在料液和萃取剂中的分配达到平衡。在平衡的时候，萃取物在萃取剂中的浓度除以萃取物在萃余液中的浓度被称作分配系数（distribution coefficient，D），这个系数能够反映被萃取物在两相（即萃取剂和原溶液）中的溶解度。

b. 以上工作结束后，需要通过分液操作来分离含有萃取物的萃取剂和原溶液。

尽管液液萃取的原理看起来很简单，但整个操作的实现还是非常复杂。我们接下来会看到，我们应该循序渐进地选择萃取物、液液系统、操作过程以及最适合的实验仪器。

（2）工业上液液萃取系统的选择。

对于一种溶质，我们应该如何选择 1 个两相系统（由萃取剂和料液组成的两相系统），使得溶质在这个系统中呈现不同的溶解度，并且这个系统在工业上是可采用的？

一个在工业上能够实现的过程需要达到以下要求：经济，

安全可靠，结构合理，有效率。而对于我们的萃取实验而言，还需要萃取率高，且在常温常压也能实现快速的交换过程。

对于萃取剂的选择是首要的并且是极其复杂的。萃取剂必须满足以下不同条件：有很强的萃取能力，萃取率要高，容易在原溶液（料液）中提取到萃取物同时在萃余液中的溶解度可以忽略不计，以及拥有化学稳定性等等。

画出分配曲线需要许多步骤和尝试，热力学参数的给出对确定分配曲线也是必需的。为了避免多次的实验，可以应用质量转移机理的相关系统，并可用于工业上的动态模型。那些反应动力学的数据能帮助我们求得溶质从一个溶剂转移向另一个溶剂的速率。

(3) 工业上液液萃取装置的分类。

两种主要的液液萃取设备如下。

a. 混合沉淀器由混合室和沉淀室组成，沉淀室排在混合室之后。整个萃取系统就是很多混合沉淀器组成的，整个系统是很灵活的，它可以正向工作也可以反向工作，也可以错流运行，其形态不是固定的，是可以根据实际情况变化的。这种系统的主要优点就是效率高并且灵活度高，主要缺点是每个步骤的成本较高，从混合到平衡所需时间较长，整个系统所占体积较大（1 个混合器的体积约为 5 m^3，一个沉淀器的体积约为 30 m^3）。

图 3 - 18a 展示了 2 个混合沉淀器组成的一个系统。料液被引入第一个混合室，在这里料液和来自第二阶段（图 3 - 18b，即为二萃）的未饱和的含有部分萃取物的萃取剂混合。混合后混合溶液就进入沉淀室，在这里由于重力使得混合溶液分离。饱和的含有萃取物的有机溶液将通过上面的阻隔，而萃余液（水溶液）将通过下面的阻隔。萃余液将进入第二个混合室。我们将洗涤饱和的萃取液并提取里面的溶质。提取后的萃取液又可以利用了。

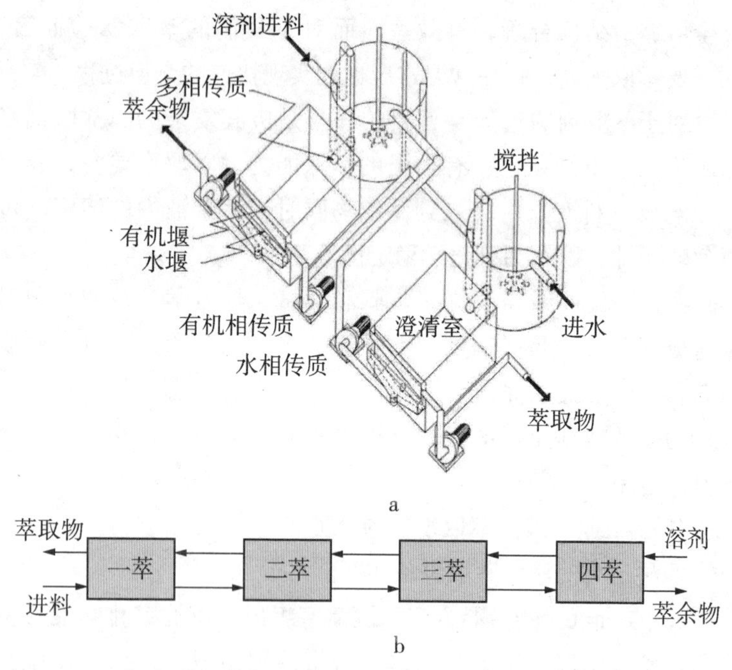

a：双混合沉淀器萃取系统；b：萃取流程

图 3－18　搅拌－澄清池

b. 板式塔的输出管道的使用在液液萃取领域里是很普遍的，这种管道在固液萃取领域里同样也会被使用，如一些添加原料的机制，添加药物的机制，农业上控制植物病害的机制。在管道上，环和片是交替放置的，并且与一个能输出压力的机械系统连接，这样使得管道里面的液体流通起来，正是管道内液体的水动力主要决定了物质交换的效率。这些管道的高度一般为 20～30 m，管道直径约 3 m。

接下来，我们将主要关注混合沉淀器。

当我们已确定液液萃取的过程，选择一种合适的萃取剂是一个非常麻烦的问题。我们必须考虑到以下问题。

a. 由系统的物理性给出的限制：液体的密度、粘度和 2 种液体之间接触面的张力。

b. 由热力学性质给出的限制：流量和溶液的浓度。

c. 由传输动力学给出的限制：物料混合均匀达到物质转移平衡的时间长度、不同液体间的接触面面积。

d. 工业上的限制：设备可靠性及安全性的推断、设备建造的可行性，建造开发与维护的经济性、开发与维护的易操作性及能随着商业市场的变化而变化的灵活性和适应性。

一般情况下，液 - 液萃取过程分为 4 个步骤（图 3 - 19）：萃取、洗涤、二次萃取以及在需要的时候对溶液进行重新调整。这些步骤的经济成本依赖于我们选择的技术。除了这些主要的步骤，还有一些流出物的处理过程（如萃余液和洗涤萃取液后剩下的含有杂质的余液都可以进行再次加工，再次利用）。

a. 对溶质的萃取。

在这一步，含有萃取物的料液将穿过一系列的混合沉淀器并与萃取液接触。在每个混合器中，我们需要等待足够长的时间使得两种溶液混合均匀并且达到（物质转移）平衡，否则无法达到较高的萃取率。接下来萃余液经过处理，使得它可以在其他过程中能再被利用，或者以废料的形式舍弃。

b. 洗涤。

对于萃取后的萃取液的洗涤是为了有选择性地消除在上一步骤中萃取到的与萃取物共存的杂质。

c. 对萃取物的再次萃取。

在湿法冶金领域中，这一步是最基本的，因为它不仅仅是对萃取物的再提取，也是对萃取液的回收利用。这一步一般是在一种碱性或酸性溶液中实现的。经过再次萃取后的萃取剂就能够再次进入萃取过程当中，重复使用，在必要的时候，我们需要预先对萃取剂进行重新调整。再次提取后，溶质就重新回到了水溶液中，就能够参与其他操作过程（比如电解沉积：即

在水溶液或悬浮液中通过电流而使其中的某些物质在电极上沉积的过程)

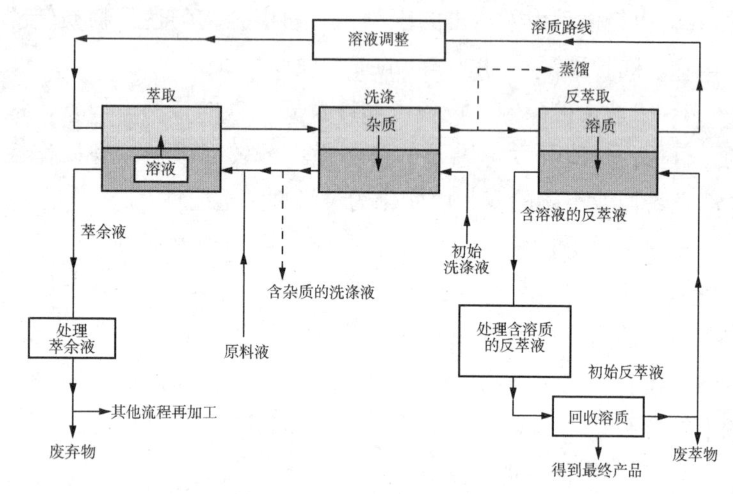

图3－19 液－液萃取流程

3.5.2.2 萃取系统

(1) 萃取剂、稀释剂和助剂的要求。

为了使我们的萃取系统达到最优状态，萃取剂（这里包括萃取剂、溶剂和改性剂）就必须具有以下良好的性质。

a. 萃取能力高，即萃取率的值要大。

b. 有很高的萃取专一性，即对目标溶质的萃取率要远远高于对其他物质的萃取率。

c. 有一些物理化学性质能够让我们比较容易地回收溶质（比如通过改变 pH 进行二次萃取，再比如在某种金属盐的作用下沉淀或结晶），比较容易地回收萃取剂，比如有较强的挥发性或较低的比热容，我们可以通过廉价的蒸馏来回收萃取剂。

d. 萃取剂在萃余液中要有可以忽略不计的溶解度［几个

ppm 到十几个 ppm，ppm 表示一百万份单位质量的溶液中所含溶质的质量，ppm = （溶质的质量/溶液的质量） ×1 000 000］，这个特点能避免由于经济或环境安全的原因而进行的强制性的且昂贵的回收工作。

e. 萃取剂在不同的反应过程中（萃取过程、洗涤过程及再萃取过程）要有一个良好的化学稳定性。

f. 萃取剂要有一些良好的物理性质使得不同溶液间的混合时间和静置分离时间要合理。工业上使用的萃取剂的比粘度一般是 1 ～3 mPa · s，不同液相间的接触面张力较弱或处于平均水平（5 ～40 mN/m），相比于料液有较大差异的密度（200 ～ 300 kg/m^3）。

g. 其他的一些优点。从反应动力学的角度，萃取剂在与料液接触后要在几分钟内就能达到物质（分配）平衡；从使用上的安全性角度，产品要有很低的毒性，较高的着火点，要高于 55 ℃，也就是说不易燃且不易挥发，而且在与经常用作建筑材料的金属接触时，要呈现极低的腐蚀性。

（2）萃取系统的组成。

在实际操作中，没有一种单一的萃取剂可以满足以上所有的特点，我们经常使用某种混合物，这种混合物含有：

a. 稀释剂。它必须是经济的，并且拥有一些有趣的物理化学性质（比如较高的着火点，与料液相比较大差异的密度），煤油是经常使用的稀释剂。

b. 萃取剂。萃取过程中起到萃取作用的物质，它是通过增加金属阳离子的憎水性而让被萃取物从水溶液中（水相中）转移到有机物溶液中（有机相）的物质。

c. 助剂。液相的调整物质，它能避免第三种液相的出现，也就是优化了不同液相间的分离，常见的有磷酸酯（如磷酸三丁酯），长链的醇，也就是说（每个分子）具有 8 ～ 12 个碳原子，如壬基苯酚。

萃取剂在萃取过程中不能直接使用，而是必须经过稀释剂稀释，因为：①这种物质的黏度太大，在混合沉淀器中使用不方便；②这种物质的密度与那些造成液相间分离问题的物质的密度很接近；③这种物质一般有与水形成乳浊液的倾向；④这种物质一般都很昂贵，所以更是需要把它稀释后使用。

总结一下，当我们使用一种萃取剂时，稀释剂能够优化整个有机物溶液的物理性质（黏度、密度、挥发度、乳化度和对于反应的动力学）。液相的调整物质在很多情况下都会用到，为了避免液相间出现第三液相。

3.5.2.3　萃取中的平衡

尽管液液萃取的原理较简单，但这种技术的实现过程中包含了很多物理化学现象。为了说明，我们给出以下在铀的萃取过程中所发生的反应，且这些反应平衡对于所有类型的金属都是适用的。

（1）没有离子交换的溶剂化萃取。

一个典型的例子就是在硝酸环境下使用 TBP（磷酸三丁酯）对铀的萃取，这是对使用后的（核）燃料的处理过程中所需要的。

$$UO_2^{2+} + 2NO_3^- + 2TBP \rightleftharpoons \overline{UO_2(NO_3)_2(TBP)_2} \tag{3-4}$$

注：在顶部画线的物质是在有机物溶液中存在的，没有在顶部画线的物质是在水溶液中存在的。

（2）有离子交换的萃取。

这种类型的萃取建立在一个化学反应上，这个反应要么是阳离子交换，要么是阴离子交换。机理如下。

（1）阴离子交换。那些被交换的物质是溶剂化的胺的亲脂盐类，或者是溶剂化的脂肪族胺盐或季铵盐。一般情况下，萃取方程的写法是：

$$M_aX_b^{p-} + p\overline{(Q^+, A^-)} \rightleftharpoons p(A)^- + \overline{(Q^+)_p, M_aX_b^{p-}} \tag{3-5}$$

在浸滤、去碱的矿石硫酸溶液环境下对铀的萃取：

$$UO_2(SO_4)_3^{4-} + 2\,\overline{(R_3NH^+)_2SO_4^{2-}} \rightleftharpoons \overline{UO_2(SO_4)_3(R_3NH)_4} + 2SO_4^{2-} \tag{3-6}$$

b）阳离子交换：最常见的阳离子的交换物来自于酸性分子（或盐类），这些物质能形成更复杂的化合物或螯合物。

$$M^{n+} + \frac{n}{x}\overline{(HL)_x} \rightleftharpoons \overline{ML_n} + nH^+ \tag{3-7}$$

当萃取剂中起萃取作用的物质是在酸性条件下存在的，那么金属物质在水溶液和在稀释剂中的分配率依赖于 pH。然而当交换的物质都是金属的时候，分配率就与 pH 无关了。

在此种模式下的阳离子交换反应，HL 能够作为一种溶剂化物（媒合物）。

$$M^{n+} + \frac{n+m}{x}\overline{(HL)_x} \rightleftharpoons \overline{ML_n(HL)_m} + nH^+ \tag{3-8}$$

表 3 - 10 整合了一些在湿法冶金中常用的萃取剂中及其应用示例。

表3-10 一些萃取剂在湿法冶金术中的应用

阳离子交换树脂（酸性萃取剂）		
化学名（或族）和商业标号	化学结构式	应用
次膦酸： （2，4，4-三甲基戊基）次膦酸：Cyanex272； 双（2-乙基己基）膦酸 PIA-8	$(C_{18}H_{17})(C_8H_{17})P(=O)OH$	工业用途（钴镍分离）
二（2，4，4-三甲基戊基）二硫代膦酸：Cyanex301	$(C_8H_{17})_2P(=S)SH$	稳定性不足，暂时没有
阴离子交换树脂（碱性萃取剂）		
季胺盐类： ALIQUAT® 336（$R_1=R_2=R_3=C_8$或C_{10}）	$(R_1R_2R_3NCH_3)^+Cl^-$	工业用途（分离稀土，分离钴镍，萃取钴、铂、铑、铀、钒、钨）
叔胺类 ALAMINE® 336（tri-n-octyl/n-décyl a mine）； HOSTAREX® A324（triisoctyl a mine）； HOSTAREX® A327（tri-n-octyl/n-décyl a mine）	$R_1R_2R_3N$	工业用途（萃取钴、铀、钒、钨）
萃取剂		
磷酸三丁酯（TBP）	$(n\text{-}C_4H_9O)_3P=O$	稀土的萃取，HNO_3中钍和铀的萃取
三辛基膦氧化物（TOPO）：CYANEX® 921； TOPO 混合三烷基磷酸：CYANEX® 923	$R_1R_2R_3P=O$	工业用途（H3PO4中铀的萃取，有机酸和矿物酸的萃取）无机酸和有机酸

3.5.2.4 公式化

(1) 萃取的平衡。

从热力学的角度，萃取平衡可以用一个热力学常数 K_{ex} 来描述。以用 HL 的正离子交换树脂萃取金属 M^{n+} 为例：

$$M^{n+} + n\,\overline{HR} \rightleftharpoons \overline{MR_n} + nH^{+} \qquad (3-9)$$

注：没有上划线的化学物质是在水溶液中的，有上划线的的物质是在有机溶剂中的。

这个萃取平衡的萃取常数为：

$$K_{ex} = \frac{a_{H+}^{n} a_{\overline{MR_n}}}{a_{\overline{HR}}^{n} a_{M^{n+}}} \qquad (式3-41)$$

其中，a_i 是物质 i 的活度。

我们同样定义一个表面萃取常数 K'_{ex}：

$$K'_{ex} = \frac{[H^{+}]^{n}[\overline{MR_n}]}{[\overline{HR}]^{n}[M^{n+}]} \qquad (式3-42)$$

因此有：

$$K_{ex} = \frac{\gamma_{H+}^{n} \gamma_{\overline{MR_n}}}{\gamma_{\overline{HR}}^{n} \gamma_{M^{n+}}} K'_{ex} \qquad (式3-43)$$

它是一个关于温度、压强和离子强度的常数。

(2) 分配系数。

分配系数用于描述溶质在两种不可混溶的相中的分布，例如，我们可以定义一个萃取物的分配系数，该萃取物是被萃取剂从水溶液（水相）中转移到有机物溶液（有机相）中的，我们用 HR 表示萃取物，当其在水溶液中和有机溶剂中达到分配平衡 $HR \rightleftharpoons \overline{HR}$，则该分配系数为：

$$D_0 = \frac{[\overline{HR}]}{[HR]} \qquad (式3-44)$$

[HR] 和 $\overline{HR}$ 分别表示在水溶液和有机溶剂中的浓度。

如果萃取物在水溶液或有机溶液中以多种形式（例如单体的、二聚的）存在，为了计算萃取物的分配系数，我们要考虑萃取物在所有形式下的浓度。

同理，我们定义金属在两种不混溶的液体中的分配系数 D_M，这个系数是该金属在有机溶液中不同存在形式的浓度之和与水溶液中的浓度的比值：

$$D_M = \frac{\sum_{i=1}^{n} [\overline{MR_i}]}{[M]} \qquad (式 3-45)$$

3.5.3 实验操作

为了分离硫酸介质中的镍离子或钴离子，那些有机磷的萃取剂，例如双（2-乙基己基）膦酸，已被深入研究。此外，膦酸和次膦酸（商业名为 Cyanex 272）也被用于优化镍-钴的分离。但是理论上，分离镍-钴并不是那么容易，因为他们的电子结构排布非常相似（这两种金属在门捷列夫元素表上是相邻的）。在这个实验里，我们只关注 Cyanex 272 对硫酸介质中镍-钴的萃取和分离。

（1）萃取系统。

稀释剂：n-庚烷（稀释剂也可用工业煤油代替）。

萃取剂：*Cyanex* 272，纯度=80 %，$Log\ D_0=2, 2$（n-庚烷）。

$(C_8H_{17})_2P(=O)OH$

实验的主要目的是画出在硫酸介质中使用 Cyanex 272 对钴的等温萃取图。也就是说，我们需要测定水溶液中钴的浓度和萃取之后当水溶液的 pH 达到平衡后水溶液中钴的浓度。在等温萃取这个模型下，我们可以确定萃取的机理和与萃取平衡相关的表面萃取常数。

(2) 实验器材。

a. 15 个 10 mL 容量瓶（带瓶塞）。

b. 1 个 50 mL 容量瓶（带瓶塞）。

c. 1 个 100 mL 容量瓶（带瓶塞）。

d. 1 个 150 mL 容量瓶（带瓶塞）。

e. 一套标准吸移管。

f. 2 个 50 mL 烧杯。

g. 12 个分液漏斗。

h. 1 catalogue Aldrich + 安全插头。

i. 1 个 1 mL 尖头微量移液管。

j. 2 个 50 mL 的滴定管（量管）。

k. 24 个 25 mL 的烧瓶（带瓶塞）。

l. 12 个 10 mL 烧杯。

m. 胶头吸管。

n. 9 个小磁针。

o. 1 台 pH 计。

p. 1 个振动台。

q. 1 个 UV - Vis 分光计。

r. 2 个玻璃槽。

(3) 实验药品。

a. 钴的硫酸盐。

b. 镍的硫酸盐。

c. 萃取溶液 [0.5 $mol \cdot L^{-1}$ Cyanex 272（溶于 n - 庚烷）]。

d. pH =4 和 pH =7 的缓冲剂溶液。

e. 1M 的硫酸。

f. 硫酸钠。

(4) 操作方法。

萃取溶液提前准备好。萃取溶液包含用庚烷稀释的 Cyanex 272（25 ℃下液体密度为0.92，纯度为80%）。Cyanex 272 的浓度为0.5 $mol \cdot L^{-1}$。

注意：在实验开始前，了解每个产品的安全事项。

a. 水溶液（水相）的预备。

（a）制备24 g/L 的钴母液，用0.1 $mol \cdot L^{-1}$的硫酸溶解硫酸钴，然后用50 mL 的容量瓶定容。

（b）用100 mL 的容量瓶配制0.1 $mol \cdot L^{-1}$的硫酸钠水溶液。

（c）将60 mL 的 0.1 $mol \cdot L^{-1}$ 的硫酸钠水溶液和 60 mL 0.1 $mol \cdot L^{-1}$的硫酸充分混合后，倒入 150 mL 容量瓶，然后用先前配置的钴母液定容。

（d）取12 个烧瓶，将3）中配置的溶液用10 mL 的移液管分别移取10 mL 到每个烧瓶中，然后用移液管准确移取10 mL 萃取液，加入到每个烧瓶中。

（e）取（d）中的一个烧瓶，加入1 $mol \cdot L^{-1}$的 NaOH 溶液直到出现蓝色并且不褪色（所需的用量为0.9～1 mL），记下所用的体积。然后，我们向剩下的11 个烧瓶中加入体积依次增多的1 $mol \cdot L^{-1}$的 NaOH 溶液（最多不可超过3 mL）。记录每次加入 NaOH 溶液的体积数。（对于这部分，学生依照老师的要求操作。）

（f）用振荡器搅动液体30 min 然后静置直至溶液变得清晰。

（g）分离水相和有机相。

b. 测量水溶液的 pH。

（a）回收水溶液并将其放入烧杯中。

（b）测量平衡时每组样品的 pH（按老师要求），然后将塞好瓶塞且内部装有样品的烧瓶倒置（要考虑用 pH =4.0 和pH = 7.0 的缓冲剂溶液校准 pH 计）。

（c）画出水溶液的 UV 光谱并且确定最大吸光度。

（d）用紫外分光光度计确定钴的浓度并画出校准曲线。

c. 用紫外分光光度计测定钴的标准液。

（a）从母液（之前1）中配制的24 g/L钴溶液）开始，然后依次用10 mL容量瓶配制6份浓度在0～6 g/L之间的子液。

（b）把每一份标准溶液放到紫外分光光度计中并改变UV光谱从400～900 nm。记录数据，从而得到钴的浓度和吸收度之间的关系，画出校准曲线。

（c）计算每组实验（即用Cyanex 272萃取钴的实验）的钴的分配系数，要求能满足质量守恒。

3.5.4 对结果的进一步探索

（1）实验报告。

在工程师和研究人员的职业生涯中，他们必须有能力通过口头交流或书面形式来清晰地交流研究成果。能在国际性期刊或出版物中清楚完整的表达这些成果。在本次实验中，要求用以下形式对实验结果进行综合性分析。即实验报告分为5个部分。

（1）引言（用文字来叙述一个问题、背景及实验目的）。

（2）实验产物、实验用品及实验方法（在这部分需要指出产物来源，产品纯度，实验仪器以及仪器的商标，溶液的配制和实验步骤）。

（3）结果与讨论（综合概括出结论，回答问题并且加入一些合理的注意事项；在这部分中图片和图表都要标明序号）。

（4）结论。

（5）参考资料（只有当你引用了一些来自公开发表文献的数据或信息时才要注明）。

（2）思考。

a. 在制备水溶液(水相)时，用到了硫酸钠。它的作用是什么？

b. 当仅有钴的分离萃取发生时，我们可以有如下萃取平衡：

$$Co^{2+} + \overline{(HL)_2} \rightleftharpoons \overline{CoL_2} + 2H^+ \quad (3-10)$$

HL 代表 Cyanex® 272，它在低介电介质如正庚烷中易形成二聚物。

通过萃取平衡（式 3－50），我们定义表观萃取常数 K'_{ex}：

$$K'_{ex} = \frac{[H^+]^2[\overline{CoL_2}]}{[\overline{(HL)_2}][Co^{2+}]} \quad (式 3-46)$$

由质量守恒及形成常数 β_{Cl} 和 β_{SO_4}, 我们可以将上式重写

$$\beta_{SO_4} = \frac{[CoSO_4]}{[Co^{2+}][SO_4^{2-}]} \quad (式 3-47)$$

$$[Co] = [Co^{2+}] + [CoSO_4] = [Co^{2+}](1 + \beta_{SO_4}[SO_4^{2-}]) \quad (式 3-48)$$

其中［Co^{2+}］表示以水溶液（水相）形式且未受到抑制的钴离子浓度，我们有：

$$K'_{ex} = \frac{[H^+]^2[\overline{CoL_2}]}{[\overline{(HL)_2}][Co]}(1 + \beta_{SO_4}[SO_4^{2-}]) \quad (式 3-49)$$

由在两个接触且不可溶混的物质之间的金属所定义的分配系数，我们可将上式改写为：

$$K'_{ex} = \frac{[H^+]^2 D_{Co}}{[\overline{(HL)_2}]}(1 + \beta_{SO_4}[SO_4^{2-}]) \quad (式 3-50)$$

其中 D_{Co} 代表在水相和有机相之间的钴的分配系数：

$$D_{Co} = [\overline{CoL_2}] / [Co^{2+}]. \quad (式 3-51)$$

又知道：

$$Log(D_{Co}) = Log(K'_{ex}) + Log\left(\overline{[(HL)_2]}\right) + 2pH - Log\left(1 + \beta_{SO_4}[SO_4^{2-}]\right) \quad (式 3-52)$$

将（式 3－57）以萃取产率 ρ_{Co} 为变量用 log 形式改写为：

$$\mathrm{Log}\left(\frac{\rho_{Co}}{1-\rho_{Co}}\right) = \mathrm{Log}(K'_{ex}) + 2\mathrm{Log}([\mathrm{HL}]) + \mathrm{Log}(v) - \mathrm{Log}(1+\beta_{\mathrm{SO_4}}[\mathrm{SO_4^{2-}}]) + 2\mathrm{pH} \qquad (式 3-53)$$

其中 $v = \overline{V}/V$ 表示有机相体积除以水相体积。

易证得萃取产率、pH、$\mathrm{pH}_{1/2}$（萃取产率为 50% 所对应的 pH）存在如下关系：

$$\rho_{Co} = \frac{1}{1+10^{2(\mathrm{pH}_{1/2}-\mathrm{pH})}} \qquad (式 3-54)$$

（a）通过式 3-53 验证平衡 3-10 已满足。

（b）确定 $\mathrm{pH}_{1/2}$。

（c）根据实验数据点画出钴的萃取产率（ρ_{Co}）随 pH 的变化图，再叠加上通过（式 3-54）式计算得来的点，得出结论。

c. 图 3-20 表示恒温状态下，在硫酸介质中使用 Cyanex 272 对镍进行萃取时的曲线。确定该温度下半萃取的 pH（$\mathrm{pH}_{1/2}$），并且与相同温度下钴萃取的 pH 比较，得出结论。

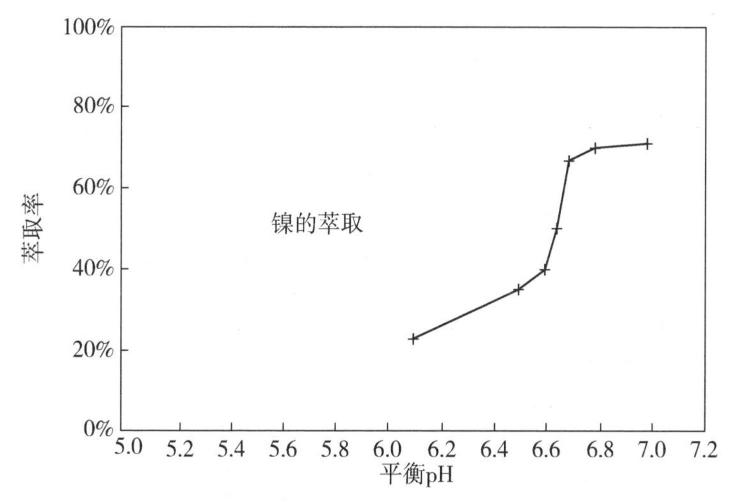

图 3-20 在等温的硫酸介质中用 Cyanex 272 萃取镍

3.6 选择性电极研究

3.6.1 实验目的

（1）掌握离子选择性的电极的应用原理及使用方法。

（2）利用选择性电极进行含铜工业污水的去污研究。

（3）研究干扰离子对选择性电极的影响。

3.6.2 实验原理

（1）作用机理。

离子A的理想选择性电极电势的变化遵从以下关系：

$$E_{\mathrm{el}} = cte + (RT/z_A F)\ln a_A \qquad (\text{式}3-55)$$

a_A 是离子活度，z_A 是带电荷数。

实际上，电极不是理想选择电极时，那么它会对多种离子有响应。在只有B离子的干涉的情况下，电极电势有以下形式（A和B均为一价）：

$$E_{\mathrm{el}} = cte + (RT/Z_A F)\ln(a_A + K_A^B \cdot a_B) \quad (\text{式}3-56)$$

K_A^B 称作选择性系数，可以根据它精确电极的使用范围。

（2）理论回顾。

离子A在溶液中的活度 a_A 与浓度相关。关系如下：

$$a_A = \gamma_A \frac{c_A}{c^o} \qquad (\text{式}3-57)$$

γ_A 表示A离子的活度系数，c_A 是标准状态下的浓度（c^0 = 1时，性质与以无限稀释溶液为参考状态下相同）。为了简化写法，这个关系经常写作 $a_A = \gamma_A c_A$。

根据德拜－休克尔（Debye－Hückel）定理，在极稀溶液中（$<10^{-3}$ mol·L^{-1}），活度系数 γ 计算式为：

$$Log\ \gamma = -Bz^2\sqrt{I}\ (\text{极限定理}) \qquad (\text{式}3-58)$$

在浓度较大溶液中：

$$Log\ \gamma = -Bz^2\frac{\sqrt{I}}{1+Aa\sqrt{I}} \qquad (式3-59)$$

A、B 常数取决于溶剂和温度。在 25 ℃的水中 $B=0.509$，$A=0.328$。系数 a 是一个可调的参数，详见表 3-7。

I 是离子强度，由以下式子计算：

$$I = \frac{1}{2}\sum_i C_i Z_i^2 \qquad (式3-60)$$

3.6.3 实验步骤

（1）测定钾离子电极的选择性系数。

a. 电极的标定。

配制 1 mol·L^{-1}和 10^{-2} mol·L^{-1}的 KCl 溶液。在 100 mL 容量瓶中，用移液枪加入不同浓度 KCl 溶液的体积如表 3-11 所示。

表 3-11　无 Na^+时，加入不同浓度 KCl 溶液的体积

KCl(0.01 mol·L^{-1})的体积/μL	10	40	100	350	0	0	0	0	0
KCl(1 mol·L^{-1})的体积/μL	0	0	0	0	50	450	1000	2000	5000

将配制好的 9 组溶液分别倒入烧杯中，磁力搅拌，在溶液稳定后测量相应的电位 E（mV）。然后配制体积比为 1：1 的水和 1 mol·L^{-1} KCl 的混合溶液，测量其电位。

—计算上述溶液的浓度，并标定溶液活度，考察活度系数。

—将 $E=f$（log c）和 $E=f$［log（$\gamma * c$）］的图形绘制在同一张图上，得到结论。

b. 选择性系数的计算（干扰离子为Na^+离子）。

在100 mL容量瓶中，固定溶液中干扰离子Na^+的浓度为10^{-2} mol·L^{-1}，用移液枪依次添加不同浓度KCl溶液的体积如表3-12所示。

表3-12　有Na^+时，加入不同浓度KCl溶液的体积

KCl(0.01 mol·L^{-1})的体积/μL	1	5	10	40	100	350	0	0	0
KCl(1 mol·L^{-1})的体积/μL	0	0	0	0	0	0	50	450	1 000

利用图形法，确定干扰离子的选择性系数。

（2）工业废水的去污研究［离子胶束中金属离子（Cu^{2+}）凝聚现象的研究］。

十二烷基磺酸钠（SDS）含有亲油/水的基团。其在水中的浓度超过一个特定值时，数十个单体将形成聚合体。聚合体为球形，其表面分布着磺酸基（参见表面热动力学的实验）。在胶体表面附近电场的作用下，离子由于静电作用附着在表面。我们将借助二价铜离子的选择性电极突显这一现象。

a. 进行Cu^{2+}选择性电极的标定。选点为pCu=2，3，4，5。

b. 在100 mL去离子水中，利用移液枪连续加入浓度为10^{-1} mol·L^{-1}的SDS溶液500 μL，测量电位E，做空白对照实验，消除SDS溶液对铜离子选择性电极影响。

c. 在Cu^{2+}浓度为10^{-3} mol·L^{-1}的100 mL溶液中，利用移液枪连续加入浓度为10^{-1} mol·L^{-1}的SDS溶液500 μL，测量电位E，并且推断Cu^{2+}的浓度。画图$c_{Cu^{2+}}=f(c_{SDS})$。

d. 得出临界胶束浓度，并与表面张力实验所测数据进行比较。解释现象。离子的参数a值如表3-13所示。

表 3-13 离子的参数 a 值

带 1 个电荷的粒子	
9	H^+
8	$(C_6H_5)_2CHCOO^-$，$(C_3H_7)_4N^+$
7	$OC_6H_2(NO_3)_3^-$，$(C_3H_7)_3NH^+$，$CH_3OC_6H_4COO^-$
6	Li^+，$C_6H_5COO^-$，$C_6H_4OHCOO^-$，$C_6H_4ClCOO^-$，$C_6H_5CH_2COO^-$，$CH_2-CHCH_2COO^-$，$(CH_3)_2CCHCOO^-$，$(C_2H_5)_4N^+$，$(C_3H_7)_2NH_2^+$
5	$CHCl_2COO-CCl_3COO^-$，$(C_2H_5)_3NH^+$，$(C_3H_7)NH_3^+$
4	Na^+，$CdCl^+$，ClO_2^-，IO_3^-，HCO_3^-，$H_2PO_4^-$，HSO_3^-，$H_2AsO_4^-$，$Co(NH_3)_4(NO_2)_2^+$， CH_3COO^-，CH_2ClCOO^-，$(CH_3)_4N^+$，$(C_2H_5)_2NH_2^+$，$NH_2CH_2COO^-$，$^+NH_3CH_2COOH$， $(CH_3)_3NH^+$，$C_2H_5NH_3^+$
3	OH^-，F^-，CNS^-，CNO^-，HS^-，ClO_3^-，ClO_4^-，BrO_3^-，IO_4^-，MnO_4^-， K^+，Cl^-，Br^-，I^-，CN^-，NO_2^-， NO_3^-，Rb^+，Cs^+，NH_4^+，Tl^+，Ag^+，$HCOO^-$，H_2(citrate)$^-$，$CH_3NH_3^+$， $(CH_3)_2NH_2^+$
带 2 个电荷的粒子	
8	Mg^{2+}，Be^{2+}
7	$(CH_2)_5(COO)_2^{2-}$，$(CH_2)_6(COO)_2^{2-}$，(congo red)$^{2-}$
6	Cu^{2+}，Ca^{2+}，Zn^{2+}，Sn^{2+}，Mn^{2+}，Fe^{2+}，Ni^{2+}，Co^{2+}，$C_6H_4(COO)_2^{2-}$， $H_2C(CH_2COO)_2^{2-}$，$(CH_2CH_2COO)_2^{2-}$
5	Sr^{2+}，Ba^{2+}，Ra^{2+}，Cd^{2+}，Hg^{2+}，S^{2-}，$S_2O_4^{2-}$，WO_4^{2-}，Pb^{2+}，CO_3^{2-}， SO_3^{2-}，MoO_4^{2-}，$Co(NH_3)_5Cl^{2+}$，$Fe(CN)_5NO^{2-}$，$H_2C(COO)_2^{2-}$， $(CH_2COO)_2^{2-}$，$(CHOHCOO)_2^{2-}$，$(COO)_2^{2-}$，$C_6H_6O_7^{2-}$（柠檬酸盐）
4	Hg_2^{2+}，SO_4^{2-}，$S_2O_3^{2-}$，$S_2O_8^{2-}$，SeO_4^{2-}，CrO_4^{2-}，HPO_4^{2-}，$S_2O_6^{2-}$

续表 3－13

带 3 个电荷的粒子	
9	Al^{3+}，Fe^{3+}，Cr^{3+}，Sc^{3+}，Y^{3+}，La^{3+}，In^{3+}，Ce^{3+}，Pr^{3+}，Nd^{3+}，Sm^{3+}
6	二水杨醛缩乙二胺钴（Ⅲ）
5	$C_6H_5O_7^{3-}$（柠檬酸盐）
4	PO_4^{3-}，$Fe(CN)_6^{3-}$，$Cr(NH_3)_6^{3+}$，$Co(NH_3)_6^{3+}$，$Co(NH_3)_5H_2O^{3+}$
带 4 个电荷的粒子	
11	Th^{4+}，Zn^{4+}，Ce^{4+}，Sn^{4+}
6	$Co(S_2O_3)(CN)_5^{4-}$
5	$Fe(CN)_6^{4-}$
带 5 个电荷的粒子	
9	$Co(S_2O_3)_2(CN)_4{}^{5-}$

3.7 金属腐蚀与电流－电势极化曲线

3.7.1 实验目的

（1）了解电化学装置和元件。

（2）验证腐蚀现象，并确定腐蚀电流。

（3）掌握牺牲阳极的阴极保护法，通过锌阳极的牺牲来实现铁的腐蚀防护。

（4）探索 Fe^{3+}/Fe^{2+} 体系的动力学特征。

3.7.2 实验原理与实验操作

结合理论课的学习，为加深对金属腐蚀过程的理解，设计本实验内容。通过绘制不同体系电流－电势极化曲线，了解相应电化学体系的特点。本实验包括以下 4 个部分内容。

3.7.2.1 水的电活性区域

(1) 实验原理。

本实验将测量硫酸水溶液体系的电流－电势曲线。实验装置如图3－21所示。

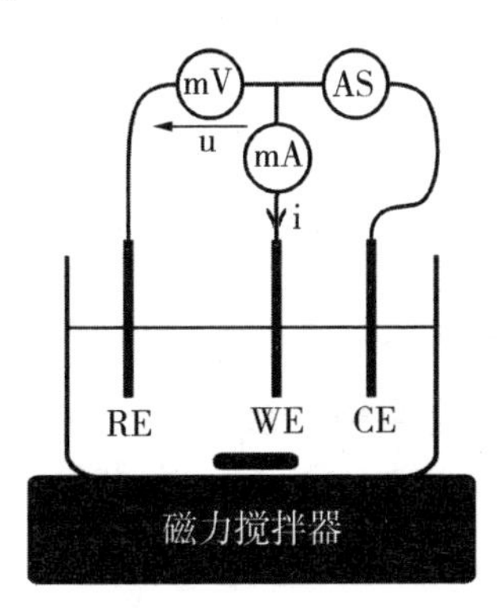

图3－21 实验装置

我们把在其上发生氧化反应的电极称为工作电极（WE），把在溶液中，能够与工作电极形成电流回路的电极称为对电极（CE）；用于测量工作电极电势的电极称为参比电极（RE）。参比电极的电势与溶液的电势和测试条件无关。

此实验中，我们采用饱和甘汞电极作为参比，参比电极内的电解质为饱和氯化钾溶液。25 ℃时，其标准电极电势为 $E_{ref}=0.2415\ V$。WE和CE两电极均为铂电极。将上述三电极分别置于三颈瓶3个口内。瓶中放置待测试的硫酸水溶液($0.5\ mol\cdot L^{-1}$)，溶液加入量为容器的1/3～2/3，所有电极需浸没到电解液中。

实验中采用稳压电源（AS）提供恒电流或恒电压，采用两台万用表测量电流和电压的实验值。

万用表所显示的电压为 $U=E_{ref}-E$，其中 E 为工作电极的电势，E_{ref}数据查表（本实验中0.2415 V）显示，U 为电压测量值。

通过稳压电源给定电流或电压，测量电路中的 U 和 $-i$。由所获得的 E 和 i 绘制电流 - 电势曲线 i（E）。

注意：万用表示数随时间不断变化。为获得较好的曲线，需尽量在相同的时间间隔内读数，确保按照相同的时间间隔分别读出 U 和 -i 的测量值。例如，我们可以在该电源电压（或电流）设定后 5 s 读数。

（2）硫酸水溶液的 i（E）曲线。

工作电极和对电极均使用铂电极，参比电极为饱和甘汞电极，测试溶液为 $0.5\ mol \cdot L^{-1}$ 的硫酸溶液。在三颈瓶中倒入测试溶液，插入电极并确保电路连接正确。通过控制电压或者电流的方法，改变给定的电流 $|i|$ 在 1 ~ 100 mA，取 8 ~ 12 个测量点（参考电压绝对值 0.25 V、0.30 V、0.35 V、0.40 V、0.45 V、0.50 V、0.55 V、0.60 V、0.70 V、0.75 V、0.80 V、0.85 V、0.90 V、1.00 V）

思考题

1. 当 $i>0$（氧化反应）时，工作电极 WE 和对电极 CE 上分别发生什么反应？

2. 当 $i<0$（还原反应）时，工作电极 WE 和对电极 CE 上分别发生什么反应？

3. 根据所得的 i（E）曲线，解释实验现象。为什么我们没有发现明显的扩散电流？

4. 推测酸溶液的电活性区域，以及水在铂电极上剧烈的氧化还原反应是什么。

3.7.2.2 混合电位及腐蚀电流的确定

（1）预实验。

铁片和锌片需先用砂纸打磨。将铁片插入0.5 mol·L^{-1}的六氰合铁（Ⅲ）酸钾 $K_3[Fe(CN)_6]$ 溶液液面下几毫米处（5～8 mm），测试液中含有1 mol·L^{-1}的KCl。我们可以通过加入硫酸溶液来加速反应。观察实验现象并解释。

注意：当有 Fe^{2+} 存在时，六氰合铁（Ⅲ）酸钾溶液为蓝色。

将锌片浸入溶液，与铁片连接形成回路。观察实验现象并解释。

（2）水在铁电极上的还原反应：$i(E)$曲线。

实验原理与水的电活性区域研究类似，区别在于：本部分实验的工作电极是铁片。实验前用砂纸将铁片打磨，并用0.5 mol·L^{-1} 的硫酸溶液浸泡片刻。为什么？对电极仍采用铂电极，参比电极仍为饱和甘汞电极。电解液是0.5 mol·L^{-1}硫酸水溶液。保持测量时 $i<0$（还原反应），研究电流范围：-200～0 mA，取8～12个测量点。注意在-180～-150 mA的电流区间内至少取4个测量点。

思考题

1. 铁表面发生什么还原反应？在对电极上发生什么反应？

2. 如果测量时误将正向电流（$i>0$）加于铁片上，会发生什么现象？$i(E)$曲线的阴极部分对实验研究有什么影响（后续实验将进行研究）？

（3）锌的氧化反应：i（E）曲线。

与水的活性区域研究类似，工作电极为锌片，使用前用砂纸打磨；对电极为铂电极，参比为饱和甘汞电极。测试液是含有0.5 mol·L^{-1}硫酸的水溶液。保持测量时 $i>0$（氧化反应），研究电流范围：0～200 mA，取8～12个测量点。在150～180 mA的电流区间内至少取4个测量点。

思考题

1. 在锌片表面可能会发生什么氧化反应？实际发生的什么反应？说明之。

2. 铂电极（CE）表面发生何种反应？反应过程中 pH 如何变化？

（4）混合电位和腐蚀电流。

在同一张图上绘制上述 2 个实验的 i（E）曲线。

推导出在 0.5 $mol \cdot L^{-1}$ 硫酸溶液中由锌片和铁片组成体系的混合电位和腐蚀电流。

3.7.2.3 牺牲阳极的阴极保护

将铁片和锌片用砂纸打磨，并在 0.5 $mol \cdot L^{-1}$ 的硫酸水溶液中浸泡片刻，以去除电极表面氧化物。按图 3－22 装置图所示，将铁片、锌片和参比电极浸入 0.5 $mol \cdot L^{-1}$ 的硫酸溶液中，连接电路。不外加电压或电流，即 $i = 0$，此时在铁电极和锌电极上各发生何种反应？

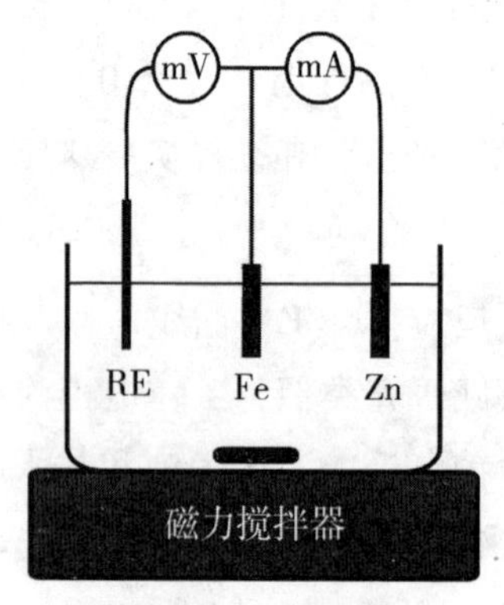

图 3－22　实验装置

按图 3－22 连接电路，铁片为工作电极，锌片为对电极，饱和甘汞作为参比电极，电解液仍为 0.5 mol · L^{-1}的硫酸溶液。测量由铁片和锌片组成的新体系的混合电位和腐蚀电流。电流范围－220～220 mA，取 25～30 个测量点。并与前面实验结果比较，评论之。

思考：确定单位时间内锌的溶解质量，结论是什么？注意，可以在反应 10 min 后称量锌电极的质量变化。

3.7.2.4 Fe^{3+}/Fe^{2+}体系的动力学研究

实验原理与水的电活性区域研究类似，实验装置如图 3－21，工作电极和对电极均为铂电极，参比电极为饱和甘汞电极。

（1）阳极曲线：Fe^{2+}的氧化 i（E）曲线。

三颈瓶中装入 0.5 mol · L^{-1}的六氰合铁（Ⅱ）酸钾溶液，其中含有 1 mol · L^{-1}的 KCl。当 $i>0$（氧化反应），工作电极（WE）上发生何种反应？对电极（CE）呢？电流在 0～25 mA 范围取 10～15 个测量点。

（2）阴极曲线：Fe^{3+}的还原 i（E）曲线。

三颈瓶中装入 0.5 mol · L^{-1}的六氰合铁（Ⅲ）酸钾溶液，其中含有 1 mol · L^{-1}的 KCl 溶液。当 $i<0$（还原反应），工作电极（WE）上发生何种反应？对电极（CE）呢？电流在－25～0 mA 范围取 10～15 个测量点。

[建议实验 3.7.2.4 的（1）和（2）给定的稳压电源电压为 1.6 V、1.7 V、1.8 V、1.9 V、2.0 V、2.2 V、2.4 V、2.6 V、2.8 V、3.0 V、3.2 V、3.4 V、3.6 V、3.8 V、4.0 V，供参考。]

（3）Fe^{3+}/Fe^{2+}体系的 i（E）曲线。

在同一张图上绘制上述 2 个实验的 i（E）曲线。

$[Fe(CN)_6]^{3-}/[Fe(CN)_6]^{4-}$体系在铂电极上的反应速率是

快还是慢？解释之。

推测 Fe^{3+}/Fe^{2+} 电极对在混合体系下的标准电极电势。可在曲线的水平方向上观察到，记下实验现象。当电压足够大时，阳极和阴极电流将会再次上升，解释之。

（4）扩散电流与浓度的关系。

先复习一下扩散电流的性质。

记$[(Fe(CN)_6)^{4-}]_{sol}$为$[Fe(CN)_6]^{4-}$在溶液内部（远离工作电极溶液部分）的浓度。记$[(Fe(CN)_6)^{4-}]_a$为$[Fe(CN)_6]^{4-}$在工作电极周围的浓度。极限扩散电流 i_{Da} 与$[(Fe(CN)_6)^{4-}]_{sol}-[(Fe(CN)_6)^{4-}]_a$成正比：

$$i_{Da} = k_{Fe^{2+}}\left([(Fe(CN)_6)^{4-}]_{sol} - [(Fe(CN)_6)^{4-}]_a\right) \quad \text{（式 3-61）}$$

假设$[(Fe(CN)_6)^{4-}]_a$相对于$[(Fe(CN)_6)^{4-}]_{sol}$可忽略不计，极限扩散电流 i_{Da}与$[(Fe(CN)_6)^{4-}]_{sol}$成正比：

$$i_{Da} = k_{Fe^{2+}}[(Fe(CN)_6)^{4-}]_{sol} \quad \text{（式 3-62）}$$

其中 $k_{Fe^{2+}}$是与装置几何因素有关的参数。

若工作电极为阴极，同理可得出阴极的极限扩散电流密度 i_{Dc}与$[(Fe(CN)_6)^{3-}]_{sol}$成正比：

$$i_{Dc} = k_{Fe^{3+}}[(Fe(CN)_6)^{3-}]_{sol} \quad \text{（式 3-63）}$$

其中 $k_{Fe^{3+}}$是与装置几何因素有关的参数。

实验操作：对不同浓度的溶液重复上述（1）和（2）步 Fe^{2+}和 Fe^{3+} i（E）曲线的测量。例如溶液的浓度为 $c_1=0.25\ mol\cdot L^{-1}$，$c_2=0.35\ mol\cdot L^{-1}$，溶液 $c_3=0.5\ mol\cdot L^{-1}$。对于各 c_i，测量其阳极扩散电流 $i_{Da,i}$和阴极扩散电流 $i_{Dc,i}$。

绘制 $i_{Da,i}$随 c_i 的变化曲线。绘制 $i_{Dc,i}$随 c_i 的变化曲线。

思考：实验值与理论值相吻合吗？推导速率常数 $k_{Fe^{2+}}$和 $k_{Fe^{3+}}$。

3.7.3 实验所需器材和热力学数据

实验所需器材、试剂以及其数量见表3－14。

表3－14 实验所用器材、试剂以及其数量

所需器材、试剂	数量
稳压电源	1
万用表	1
三颈瓶	1
磁力搅拌器、磁子	各1
铂片电极	2
参比电极	1
铁片、锌片	各1
抛光砂纸	2
0.5 mol·L^{-1} $K_4[Fe(CN)_6]$ 和1 mol·L^{-1} KCl混合溶液	150 mL
0.5 mol·L^{-1} $K_3[Fe(CN)_6]$ 和1 mol·L^{-1} KCl混合溶液	150 mL
0.5 mol·L^{-1}的硫酸溶液	150 mL
0.25 mol·L^{-1} $K_4[Fe(CN)_6]$ 和1 mol·L^{-1} KCl混合溶液	150 mL
0.25 mol·L^{-1} $K_3[Fe(CN)_6]$ 和1 mol·L^{-1} KCl混合溶液	150 mL
0.35 mol·L^{-1} $K_4[Fe(CN)_6]$ 和1 mol·L^{-1} KCl混合溶液	150 mL
0.35 mol·L^{-1} $K_3[Fe(CN)_6]$ 和1 mol·L^{-1} KCl混合溶液	150 mL

25 ℃时的相关数据如下。

(1) E° (H^+/H_2) $=0.00$ V; E° (O_2/H_2O) $=1.23$ V。

(2) E° (Fe^{3+}/Fe^{2+}) $=0.77$ V; E° (Fe^{2+}/Fe) $=-0.44$ V。

(3) E° (Zn^{2+}/Zn) $=-0.76$ V。

(4) 饱和甘汞电极 $E_{ref}=0.2415$ V，其中填充液为饱和 KCl 溶液。

(5) Zn 的摩尔质量：$M_{Zn}=65.4\ g\cdot mol^{-1}$。

3.8 环己烷－乙醇等压二元相图的绘制

3.8.1 实验目的

(1) 学习蒸馏装置的搭建和蒸馏操作。

(2) 绘制等压（大气压）条件下，环己烷－乙醇二元混合物的泡点线和露点线。

(3) 通过环己烷－乙醇二元相图的绘制，理解完全互溶二元体系的相图特点。

3.8.2 实验原理

环己烷（C_6H_{12}）和乙醇（CH_3CH_2OH 或 C_2H_6O）可在较大压力和温度范围内以任意比例混溶。环己烷和乙醇是一种二元共沸混合物。此种情况下，共沸混合物为正偏差溶液，具有最低恒沸点。x_B 记为混合物中环己烷的摩尔分数。混合物的等压相图（$P=P_{atm}$，即 1 个大气压）如图 3－23 所示。

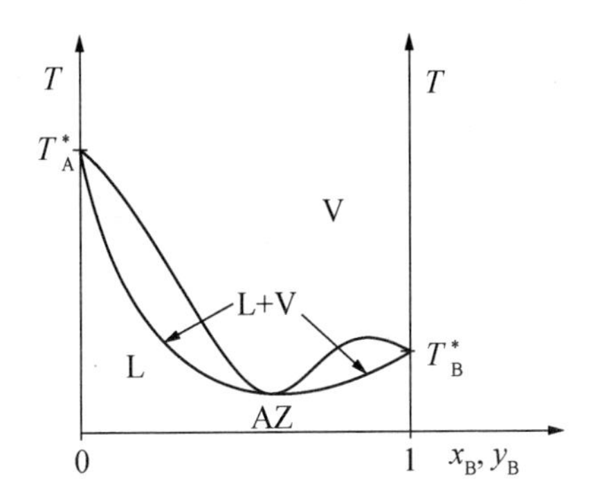

x_B：环己烷在液相中的摩尔分数；y_B：环己烷在气相中的摩尔分数；所给出的热力学数据均为一个大气压强下的数值。$T_A{}^*$：环己烷的沸点，约 81 ℃；$T_B{}^*$：乙醇的沸点，约 78 ℃

图 3－23　环己烷－乙醇等压相

注意：乙醇较环己烷更易挥发。

两相区域位于露点线（上）和泡点线（下）之间。共沸点 $T_{Az}=61$ ℃，组分为 $x_{V1,Az}=0.70$。

环己烷的密度：0.779 g · mL^{-1}，摩尔质量：84.2 g · mol^{-1}。

乙醇的密度：0.789 g · mL^{-1}，摩尔质量：46.1 g · mol^{-1}。

为绘制大气压下，二元混合物的泡点线和露点线，需要进行多次简单蒸馏操作。每次蒸馏过后，蒸馏出的混合物组分各异。我们采用阿贝折射仪来测量各液态混合物的组分。

3.8.3　实验操作

（1）环己烷－乙醇混合物组分的测量。

采用阿贝折射仪测量各二元混合物的折光率，测试温度约为 25 ℃，测量结果示例如表 3－15 所示。

表 3－15　示例二元混合物的折光率

x_{V2}	1	0.8	0.6	0.4	0.2	0
n	1.427	1.4105	1.396	1.3825	1.3695	1.362

表 3－15 中"x_{V2}"列为混合物中环己烷的体积分数，$x_{V2}=\frac{V(环己烷)}{V(环己烷)+V(乙醇)}$。$n$ 为混合物的折光率，其中 n 的测量精度为 2.5×10^{-4}。

横坐标为混合物中环己烷的体积分数 x_{V2}，纵坐标为混合物的折光率，可得到如图 3－24 类似的曲线。

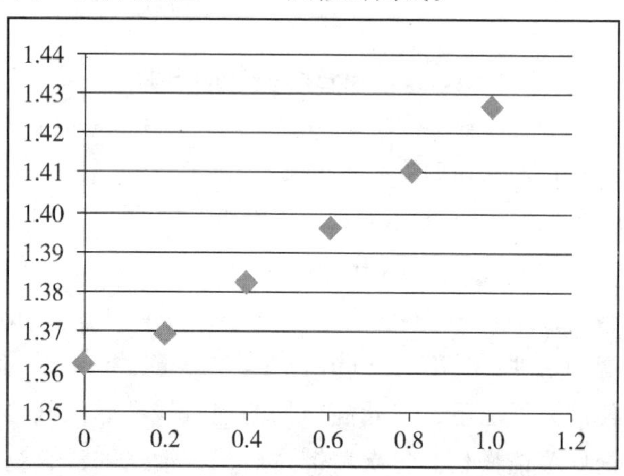

图 3－24　混合物的折光率与环己烷体积分数

由图 3－24 可知混合物的折光率与环己烷体积分数的关系，因此我们可以通过混合物折光率的测定来标定混合物中环己烷的摩尔分数 x_2。

（2）环己烷－乙醇的简单蒸馏。

将混合溶液置于单颈瓶（图 3－25）中，加入沸石若干。瓶颈位置处垂直放一玻璃管。将单颈瓶中的液体缓慢加热。当混合物达到沸点温度，第一个蒸气泡形成。蒸气沿着瓶颈和垂直的玻璃管上升。液体沸腾时的温度由位于瓶颈处的温度计测量。蒸气在倾斜的管中通过冷却液体进行冷凝。收集得到的液体称为馏出液。

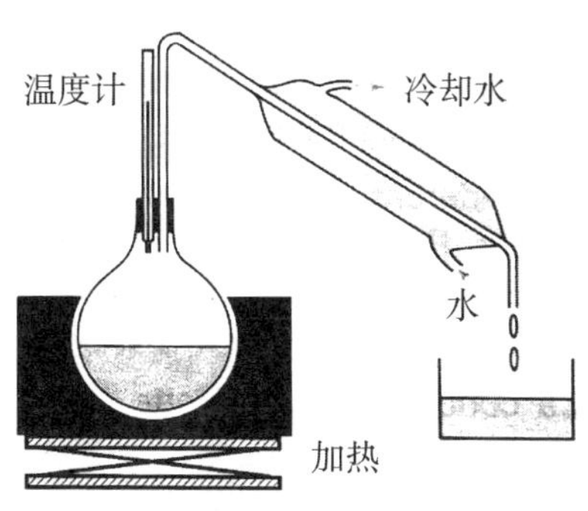

图3-25　蒸馏装置

馏出液组分为具有较大挥发性的乙醇，且馏出液中乙醇的摩尔分数要高于烧瓶中剩余液体中的摩尔分数。

准备 N 份标准溶液 L_k（k 取 1～N）。每份混合溶液 L_k 具有不同的摩尔分数 A_2，记为 $x_{2,k}$。在沸腾初（第一滴溶液）所得的每份蒸气的组成不同，记为 $x_{2,k}^v$。初始的沸腾温度记为 T_k。此时组分为溜出液组分，其值可由阿贝折射仪测量（取约 10 滴溶液进行测量）。由此可得到混合物的沸腾温度和相应的气相组成：T_k 和 $x_{2,k}^v$。由 N 点(T_k, $x_{2,k}^v$) 可绘制二元体系的露点线。

此外，已知点（T_k，$x_{2,k}$）。这些点可绘制二元体系的泡点线 N 份样品的简单蒸馏可获得泡点线的 N 个点和露点线的 N 个点。

（3）多份样品的简单蒸馏和制备。

准备 $N=9$ 份混合样品。这 9 份混合溶液中环己烷的体积分数分别为：0.05、0.25、0.44、0.65、0.73、0.88、0.92、

0.96、0.98。每份样品的体积约为30 mL。

测量9份样品的沸腾温度：T_1，T_2，…，T_9。

温度计的末端应略低于烧瓶开口处，保证准确测量蒸气温度。缓慢加热，因为蒸气需沿瓶颈处缓慢上升。温度计所显示温度缓慢升高。当收集到第一滴溜出液时读出温度。采集数滴溜出液后立即停止加热。

测量N份溜出液的折光率。推导出相应的摩尔分数：$x_{2,1}^{v}$，$x_{2,2}^{v},\cdots,x_{2,9}^{v}$。测量温度 T_1^* 和 T_2^*：记录10 mL乙醇和10 mL环己烷沸腾时的温度。

（4）相图绘制。

记录点（$T_k,x_{2,k}$）并绘制曲线：泡点线。

记录点（$T_k,x_{2,k}^{v}$）并绘制曲线：露点线。

并记录点（T_2^*，0）和（T_1^*，1）。

绘制简洁曲线：利用坐标纸的全部版面。

根据所绘制的曲线推测共沸温度 T'_{AZ} 和成分 $X_{v2,AZ'}$，并与理论值 T_{Az} 和 $x_{v2,Az}$ 比较，并分析测量时的误差。

3.9 环己烷－乙醇混合物组分提纯

3.9.1 实验目的

（1）练习分馏操作。

（2）掌握混合物分离提纯的原理和操作。

3.9.2 实验原理

我们对乙醇－环己烷进行分馏操作。将混合物放置于单颈瓶中，加入沸石若干。瓶颈处连接分馏柱。烧瓶中组分被缓慢加热。当混合物达到沸点 T_1 时，此时产生第一个蒸气泡。蒸气沿蒸馏柱上升。由于蒸馏柱具有一定的高度，越高处温度越低。因此沿蒸馏柱具有温度梯度：蒸馏柱中的温度低于烧瓶中的温度。随着温度的升高，蒸气冷凝。采用的分馏柱具有分级回流结构，称为韦氏（Vigreux）分馏柱（图3－26）。

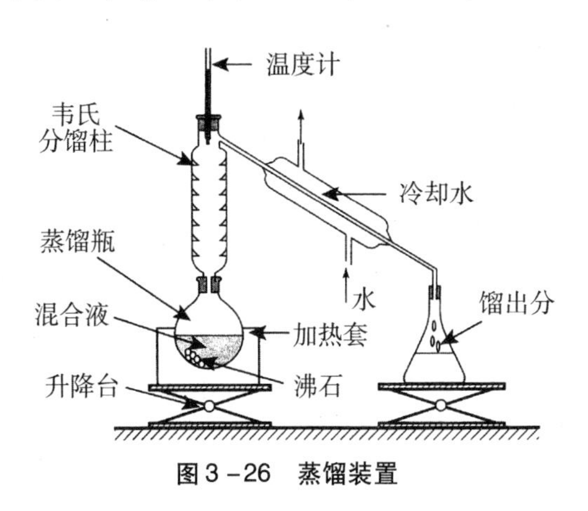

图3－26　蒸馏装置

分馏柱中具有2种流体：上升的蒸气，下降的被冷凝的液体。z_k 记为分馏柱高度，$k=1$ 代表烧瓶的塔板，并且分馏柱中的 k 值取2到 N 之间，按升序记录高度：$z_{k+1}>z_k$。分馏柱中具有 $N-1$ 个塔板。在韦氏（Vigreux）分馏柱中，每一个点代表一个高度 z_k。当位于 k 塔板时，高度为 z_k，温度为 T_k。

在 k 点时气－液平衡建立，沸腾达到极限时：$T_k = T(z_k)$ 为两相的沸点温度。

此外，T_1 时的气相组成等于2时的液相组分：$x_{2,2}^{l} = x_{2,1}^{v}$，其中 $x_{2,1}^{v}$ 代表由烧瓶中混合物产生的 A_2 在气相中的摩尔分数。

分馏柱的出口处采用倾斜的管子进行冷却。收集得到的液体称为馏出液。此过程通过分馏实现。

本实验目的为通过多步回流操作可以提纯乙醇－环已烷混合物，其中环已烷为量少组分。馏出物是其共沸混合物。馏出物的组分由阿贝折射仪测量。

3.9.3 实验操作

乙醇－环己烷混合物的分馏实验操作如下。

准备混合物组分 $x_{v2,1}$ 小于 $x_{v2,Az}$：环己烷的体积分数为 0.10，混合物体积约为 20 mL。

通过分馏操作分别蒸馏上述混合物。缓慢加热，因为蒸气需沿瓶颈处缓慢上升。温度计所显示温度缓慢升高。收集 2 mL 馏出物后停止加热。测量馏出物成分 $x_{V2,1}^{V\infty}$。给出测量时的实验误差。

理论上，$x_{V2,1}^{V\infty}$ 与 $x_{V2,AZ}$ 较为接近：

$$(x_{V2,AZ} - x_{V2,1}^{V\infty}) \ll 1 \quad \text{（式 3－64）}$$

上述结果是否正确？讨论之。

3.10 橙皮的水蒸气蒸馏

3.10.1 实验目的

（1）练习蒸馏操作。

（2）掌握通过水蒸气蒸馏提取香精油的方法。

3.10.2 实验操作

首先将 2 个橙子去皮，再将橙皮切成小块并放置于 500 mL 的烧瓶中。将恒压分液漏斗连接于烧瓶之上，装置顶端放置球形冷凝管（图 3－27）。回流时烧瓶内液体体积不超过容积的 1/2。

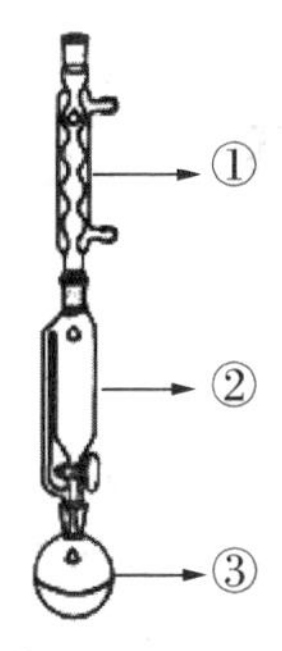

①：球形冷凝管；②：恒压滴液漏斗；③：圆底烧瓶

图 3-27 挥发油提取蒸馏装置

在烧瓶中加入水，关闭恒压漏斗旋塞（如烧瓶中水量较少，可以打开旋塞，放适量的水到烧瓶中），加热，烧瓶中的水开始沸腾。沸腾之后，调加热炉至 350 W，回流 1 h。当连续蒸馏过程开始后，检查确保冷凝装置的顶端无蒸气溢出。

注意：不要烧干烧瓶中的所有液体。

观察分为两相的馏出物，小心放出部分恒压漏斗中的水，余下部分放入量筒测量体积。采用滴管收集悬浮于上方的液相，并转入塑料离心管中。

3.10.3 每组实验所需装置和药品

每组实验所需装置和药品如下。

（1）简单蒸馏装置一套，配有温度计。

（2）具有韦氏分馏柱的分馏装置一套，配有温度计。

（3）冷凝装置一套。

（4）恒压分液漏斗 1 个。

（5）约 150 mL 环己烷。

（6）约 150 mL 乙醇。

（7）2 个橙子的橙皮。

3.11 氯仿－丙酮等压二元相图的绘制

3.11.1 实验目的

（1）学习蒸馏装置的搭建和蒸馏操作。

（2）绘制等压（大气压）条件下，氯仿－丙酮二元混合物的泡点线和露点线。

（3）通过氯仿－丙酮二元相图的绘制，理解完全互溶二元体系的相图特点。

3.11.2 实验原理

氯仿（$CHCl_3$）和丙酮［$(CH_3)_2CO$ 或 C_3H_6O］可在较大压力和温度范围内以任意比例混溶。氯仿和丙酮是一种二元共沸混合物。此种情况下，共沸混合物为负偏差溶液，具有最高恒沸点。x_2 记为混合物中氯仿的摩尔分数。混合物的等压相图（1个大气压）如图 3－28 所示。

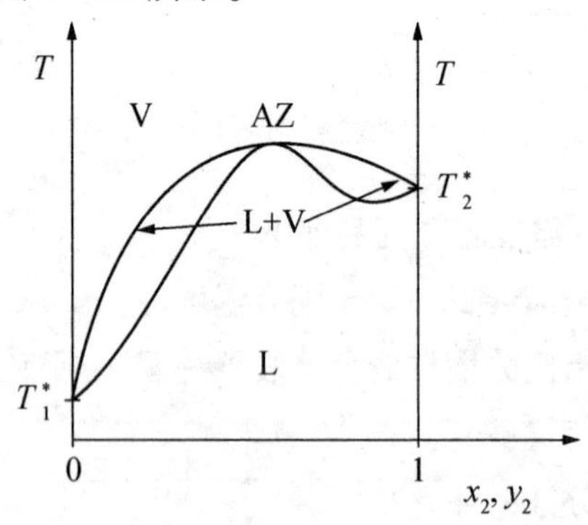

x_2：氯仿在液相中的摩尔分数；y_2：氯仿在气相中的摩尔分数；所给出的热力学数据均为一个大气压强下的数值；T_2^*：氯仿的沸点，约 61 ℃；T_1^* 为丙酮的沸点，约 56 ℃

图 3－28 氯仿－丙酮等压相

注意：丙酮较氯仿更易挥发。

两相区域位于露点线（上）和泡点线（下）之间。共沸点 Az 温度为 T_{Az}，组分为 $x_{2,Az}$。温度 T_{Az} 约为 64 ℃。组分 $x_{2,Az}$ 约为 0.6。

氯仿的密度：1.4 775 $g \cdot mL^{-1}$；摩尔质量：119.4 $g \cdot mol^{-1}$。

丙酮的密度：0.791 $g \cdot mL^{-1}$；　摩尔质量：58.1 $g \cdot mol^{-1}$。

实验目的为绘制大气压下，二元混合物的泡点线和露点线。为此，我们需要进行多次简单蒸馏操作。每次蒸馏过后，蒸馏出的混合物组分各异。采用阿贝折光仪来测量液态混合物的组分。

3.11.3　实验操作

（1）丙酮－氯仿混合物组分的测量。

计算表 3－10 中不同二元液相混合物的 x_2 的值，并测量各混合物的折光率，测试温度约为 25 ℃。采用阿贝折射仪进行测量，测量结果记录到如下表 3－16 中。

表 3－16　二元混合物的折光率

丙酮/mL	氯仿/mL	体积分数	x_2	n
10	0	0		
9	1	0.1		
8	2	0.2		
7	3	0.3		
6	4	0.4		
5	5	0.5		
4	6	0.6		
3	7	0.7		
2	8	0.8		
1	9	0.9		
0	10	1.0		

“丙酮/mL” 列为移取的丙酮的体积。

“氯仿/mL” 列为移取的氯仿的体积。

“体积分数” 列为混合物中氯仿的体积分数。

x_2 为混合物中氯仿的摩尔分数。

n 为混合物的折光率，其中 n 的测量误差为 2.5×10^{-4}。

横坐标为混合物中氯仿的摩尔分数 x_2，纵坐标为混合物的折光率，可以得到如下图 3－29 类似的曲线。

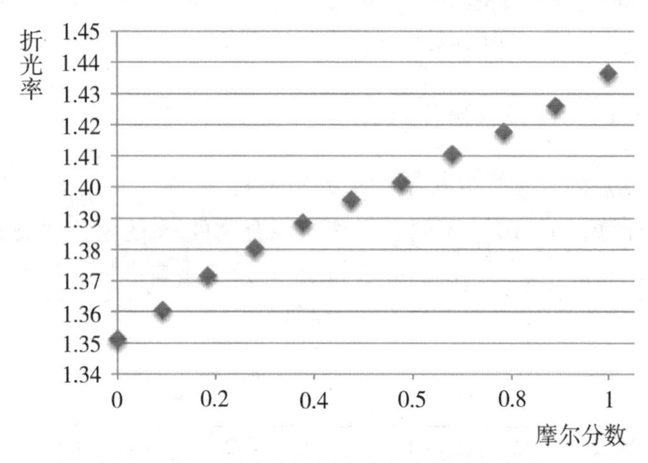

图 3－29　混合物的折光率与氯仿摩尔分数

由图 3－29 可知混合物的折光率与氯仿摩尔分数的关系，因此我们可以通过混合物折光率的测定来标定混合物中氯仿的摩尔分数 x_2。

（2）氯仿－丙酮的简单蒸馏。

将混合溶液置于单颈瓶中（图 3－30）。瓶颈位置处垂直放一玻璃管。将单颈瓶中的液体缓慢加热。当混合物达到沸点温度，第一个蒸气泡形成。蒸气沿着瓶颈和垂直的玻璃管上升。液体沸腾时的温度由位于瓶颈处的温度计测量。蒸气在倾斜的管中通过冷却液体进行冷凝。收集得到的液体称为馏出液。

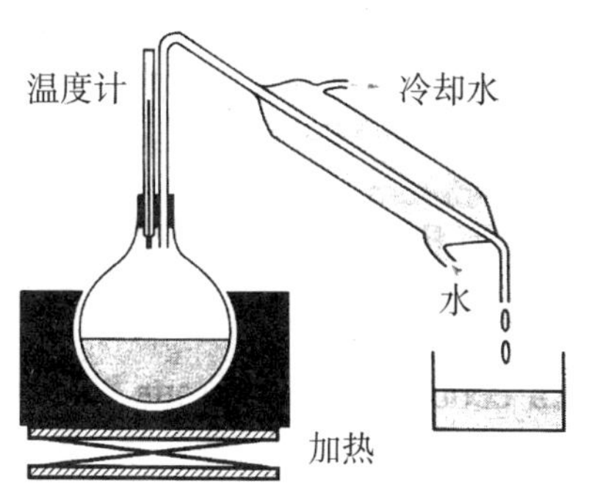

图3－30 蒸馏装置

馏出液组分为具有较大挥发性的丙酮，且馏出液中丙酮的摩尔分数要高于烧瓶中的剩余液体。

准备 N 份标准溶液 L_k（k 取1～N）．每份混合溶液 L_k 具有不同的摩尔分数 A_2，记为 $x_{2.k}$。在沸腾初所得的每份蒸气的组成不同，记为 $x^v_{2.k}$。初始的沸腾温度记为 T_k。此时组分为馏出液组分，其值可由折光仪测量。由此可得到混合物的沸腾温度和相应的气相组成：T_k 和 $x^v_{2.k}$。由 N 点（T_k，$x^v_{2.k}$）可绘制二元体系的露点线。

此外，已知点（T_k，$x_{2.k}$）。这些点可绘制二元体系的泡点线。

N 份样品的简单蒸馏可获得泡点线的 N 个点和露点线的 N 个点。

（3）N 份样品的简单蒸馏和制备。

准备 $N=9$ 份混合样品。这9份混合溶液的体积分数分别为：0.10，0.20，0.30，0.40，0.50，0.60，0.70，0.80 和 0.90。每份样品的体积约为10 mL。（此处为了减少有机溶剂的用量，继续采用上述实验1中的其中9份样品，绘制完标准曲线后继续进行蒸馏操作，就不用学生再配置溶液了，因此将原实验中的摩尔分数改为体积分数了。）

测量9份样品的沸腾温度：T_1，T_2，…，T_9。

温度计的末端应略低于烧瓶开口处，保证准确测量蒸气温度。缓慢加热：蒸气需沿瓶颈处缓慢上升。温度计所显示温度缓慢升高。当收集到第一滴溜出液时读出温度。采集数滴溜出液后立即停止加热。

测量N份溜出液的折光率。推导出相应的摩尔分数：$x^v_{2.1}$，$x^v_{2.2}$，…，$x^v_{2.9}$。

测量温度 T_1^* 和 T_2^*：记录10 mL丙酮和10 mL氯仿沸腾时的温度。

（4）相图绘制。

记录点（T_k，$x_{2.k}$）并绘制曲线：泡点线。

记录点（T_k，$x^v_{2.k}$）并绘制曲线：露点线。

并记录点（T_1^*，0）和（T_2^*，1）。

绘制简洁曲线：利用坐标纸的全部版面。

利用 T_{Az}和 $x_{2.Az}$点绘制曲线。给出测量时的实验误差。

3.12 测量水－甲苯非均相共沸混合物的特性

3.12.1 实验目的

（1）练习蒸馏操作。

（2）测量水－甲苯二元混合物的共沸点和共沸点组成，并绘制该体系的等压相图。

（3）通过水－甲苯二元相图的绘制，理解非均相混合物的相图特点。

3.12.2 实验原理

水和甲苯能够在较大的温度范围内完全不互溶。x_2 记为混合物中甲苯的摩尔分数。混合物的等压相图（$P = P_{atm}$即1个大气压）如图3－31所示。

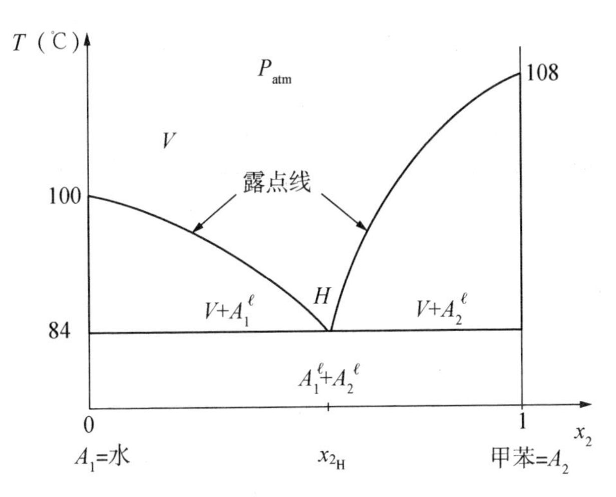

x_2：混合物中甲苯的摩尔分数；所给出的热力学数据均为一个大气压强下的数值；T_2^*：甲苯的沸点，约为108 ℃；T_1^*：水的沸点

图3－31　水－甲苯等压相

水较甲苯更易挥发。

非均相共沸点 H 对应温度 T_H 和组分 x_{2H}。温度 T_H 约为84 ℃。组分 x_{2H}约为0.8。

甲苯密度：0.87 g · mL^{-1}；摩尔质量：92.1 g · mol^{-1}.

本实验目的为测量 T_H 和 x_{2H}。为此，我们采用蒸气蒸馏。馏出物为非均相共沸成分，通过分离馏出物两不相容的相来确定组分 x_{2H}，分别对两相称重。

3.12.3　实验操作

（1）两相简单蒸馏（图3－32）。

非均相共沸混合物较纯水或纯甲苯具有更强的挥发性，因此馏出物为非均相共沸组分。本实验中，水－甲苯混合物体积应充裕（如50 mL），其中甲苯的体积分数为60%，水的体积分数为40%。蒸馏完之后烧杯中的大部分液体为水。

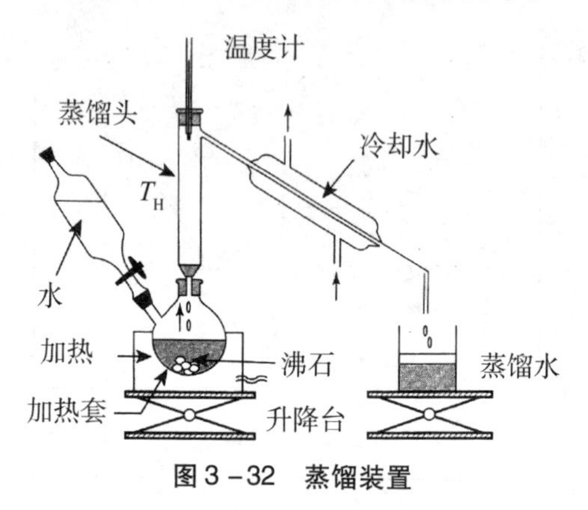

图3-32　蒸馏装置

由于水和甲苯不互溶，馏出物中水和甲苯自动分离形成两相。

（2）测量 x_{2H} 和 T_H。

温度计的末端应略低于烧瓶开口处，保证准确测量蒸气温度。缓慢加热：蒸气需沿瓶颈处缓慢上升。温度计所显示温度缓慢升高。当收集到第一滴溜出液时读出温度：即 T_H。当收集足够的馏出物（如10 mL）后停止加热。

甲苯的密度小于水，因此甲苯浮于水之上。将馏出物置于10 mL量筒中，分别读出水和甲苯的体积，计算给出 $m_{tol}/(m_{eau}+m_{tol}) = x_{2H}$。并给出测量时的实验误差。

3.13　丙酮-氯仿混合物组分提纯

3.13.1　实验目的

（1）练习蒸馏操作。

（2）掌握混合物分离提纯的原理和操作。

3.13.2 实验原理

我们对丙酮－氯仿进行分馏操作。将混合物放置于单颈瓶中。瓶颈处连接一蒸馏柱。烧瓶中组分被缓慢加热。当混合物达到沸点 T_1 时，此时产生第一个蒸气泡。蒸气沿蒸馏柱上升。由于蒸馏柱具有一定的高度，越高处温度越低。因此沿蒸馏柱具有温度梯度：蒸馏柱中的温度低于烧瓶中的温度。随着温度的升高，蒸气冷凝。我们采用的分馏柱具有分级回流结构，称为韦氏（Vigreux）分馏柱（图3－33）。

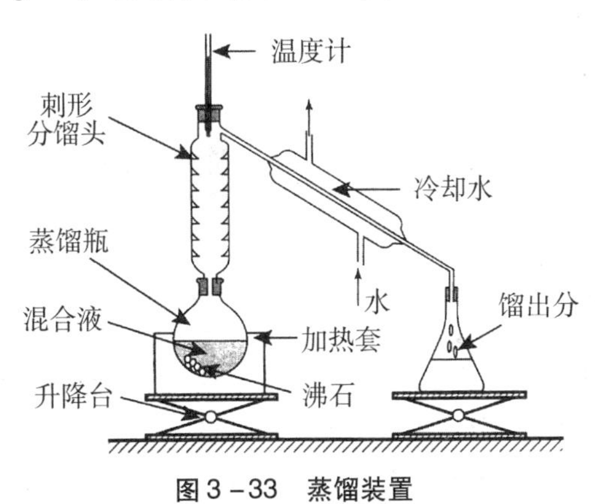

图3－33　蒸馏装置

分馏柱中具有两种流体：上升的蒸气，下降的被冷凝的液体。z_k 记为分馏柱高度，$k=1$ 代表烧瓶的塔板，并且分馏柱中的 k 值取 2～N 之间，按升序记录高度：$z_{k+1}>z_k$。分馏柱中具有 $N-1$ 个塔板。在韦氏（Vigreux）分馏柱中，每一个点代表一个高度 z_k。当位于 k 塔板时，高度为 z_k，温度为 T_k。

在 k 点时气－液平衡建立，沸腾达到极限时：$T_k=T(z_k)$ 为两相的沸点温度。

此外，T_1 时的气相组成等于 2 时的液相组分：$x_{2.2}^{l}=x_{2.1}^{v}$，其中 $x_{2.1}^{v}$ 代表由烧瓶中混合物产生的 A_2 在气相中的摩尔分数。

$x^{l}_{2.k}$和$x^{v}_{2.k}$的二元混合物相图如图3－34所示，称为Mac Thiele精馏操作。

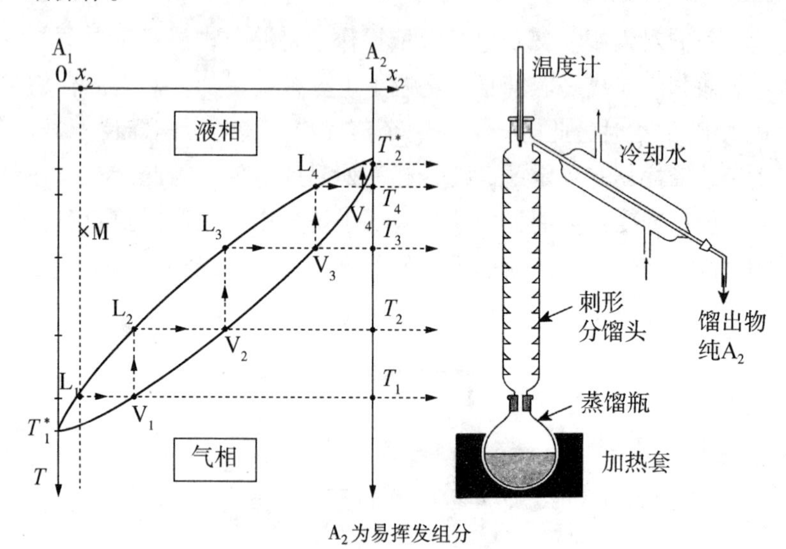

图3－34　理想混合物的Mac Thiele精馏操作与装置示意

分馏柱的出口处采用倾斜的管子进行冷却。收集得到的液体称为馏出液。此过程通过分馏实现。

上述例子中，我们考察的为理想混合情况。在丙酮－氯仿体系中，如上述理想结果还是非均相共沸组分？

本实验目的为通过多步回流操作可以提纯氯仿－丙酮混合物：馏出物是纯的丙酮。

馏出物的组分由阿贝折射仪测量。

3.13.3　实验操作：丙酮－氯仿混合物的分馏

准备混合物组分$x_{2.1}<x_{2.Az}$，另一混合物组分$x_{2.2}>x_{2.Az}$：$x_{2.1}<x_{2.Az}<x_{2.2}$。

通过分馏操作分别蒸馏上述混合物。缓慢加热，因为蒸气需沿瓶颈处缓慢上升。温度计所显示温度缓慢升高。收集几滴馏出物后停止加热。测量馏出物成分，即 $x_{2.1}^{v\infty}$ 和 $x_{2.2}^{v\infty}$。给出测量时的实验误差。

理论上，$x_{2.1}^{v\infty}$ 很小并且 $x_{2.2}^{v\infty}$ 接近于 1：

$$x_{2.1}^{v\infty};(1 - x_{2.2}^{v\infty}) \ll 1 \qquad \text{（式 3 - 65）}$$

上述结果是否正确？讨论之。

参考文献

[1] 刘汉标，石建新，邹小勇. 基础化学实验［M］. 北京：科学出版社，2008.

[2] 陈焕光，李焕然，张大经，等. 分析化学实验［M］. 2 版. 广州：中山大学出版社，1998.

[3] SWAIN B, JEONG J, LEE J, et al. Separation of cobalt and lithinm from mixed sulphate solution using Na-cyanex 272 [J]. Hydrometallurgy, 2006, 84: 130 – 138.

[4] SARANGI K, REDDY BR, DAS RP. Extraction studies of cobalt [Ⅱ] and nickel (Ⅱ) from chloride solutions using Na-Cyanex 272. Separatron of Co (Ⅱ) /N; (Ⅱ) by the solution salts of DZEHPA, PC88A and Cyanex 272 and their mixtures [J]. Hydrometallurgy, 1999, 52: 253 – 265.